AF325851

M. G. P.

—

SCÈNES

DE LA VIE

DES ANIMAUX

—

LILLE
L. LEFORT, IMPRIMEUR - LIBRAIRE

SCÈNES

DE LA VIE

DES ANIMAUX

In-8º 2ᵉ Série.

CHEZ LE MÊME ÉDITEUR

ET CHEZ LES PRINCIPAUX LIBRAIRES

☞ En envoyant le prix en un mandat de la poste ou en timbres-poste,
on recevra *franco*.

Beautés des leçons de la nature. in-12. . 1 »
Voyage aux montagnes rocheuses. in-12. . 1 »
L'Homme en présence des œuvres de la création. in-18. . » 60
Le Lion et l'Éléphant. grand in-32. . . . » 20
Les Quadrupèdes. in-18. . . . . . » 20
Le Cheval, le Bœuf, l'Ane, le Chameau, etc. grand in-32. » 20
Le Chien et le Chat. grand in-32. . . . » 20
Les Serpents et les Fourmis. in-12. . . » 50
Les Oiseaux du ciel. in-12. . . . . » 30
L'Hirondelle. in-32. *cart.* . . . . » 20
La Linotte. in-32. *cart.* . . . . . » 20
Le Miel et les Abeilles. in-12. . . » 50
Les Poissons. in-18 . . . . . » 10
Les Insectes. in-18 . . . . . » 10
L'Afrique. in-12. . . . . » 85
L'Amérique. in-12. . . . . » 85
L'Asie. in-12. . . . . . » 85
L'Océanie. in-12. . . . . » 85
Histoire d'un morceau de pain. in-12. . . » 50
Voyage d'un morceau de pain. in-12. . . » 50
La Comète. in-12. . . . . . » 30
Le Télégraphe électrique, par J. Chantrel. in-12. » 80
Album du jeune botaniste. in-18. . . » 30
Botanique à l'usage de la jeunesse. in-12. . . 1 »
Le Chêne. grand in-32. . . . . » 20
Le Crépuscule. grand in-32. . . . » 20
Le Lac, les Rivières et la Pêche. grand in-32. . » 20
Le Vallon, la Chaumière et la Moisson. grand in-32. » 20
Le Grain de sable et les Minéraux. gr. in-32. » 20
La Poudre à canon. in-12. . . . » 50

Il posa une de ses pattes sur lui, et aboya de
toutes ses forces, jusqu'à ce qu'on vint apporter
du secours à son maître

SCÈNES

DE LA VIE

DES ANIMAUX

PAR M. G. P., NATURALISTE

SECONDE ÉDITION

LIBRAIRIE DE L. LEFORT

IMPRIMEUR, ÉDITEUR

LILLE	PARIS
rue Charles de Muyssart	rue des Saints-Pères, 30
PRÈS L'ÉGLISE NOTRE-DAME	J. MOLLIE, LIBRAIRE-GÉRANT

Tous droits réservés.

INTRODUCTION

Le plus bel hymne qu'il ait été donné à l'homme de chanter en l'honneur du Créateur, disait Galien, c'est un livre d'anatomie. Combien plus encore l'esprit se recueille, et l'âme se sent émue, lorsque, parcourant un musée zoologique, nous nous trouvons au milieu de mille dépouilles d'animaux, de mille ossements de morts!

C'est dans le cimetière, dans cet amas de cadavres, que le savant a coutume d'aller chercher la vie.

L'animal mort le mieux préparé, disait Bernardin de Saint-Pierre, ne présente qu'une enveloppe rembourrée, un squelette, une anatomie. Mais n'est-ce pas ce squelette, n'est-ce pas ce cadavre qui nous révèle les mystères de la vie qui jadis l'animait? N'est-ce pas de l'examen approfondi des restes fossiles d'animaux antérieurs à nous, qu'est née la paléontologie, cette science qui fait sortir les morts de leurs tombeaux, les ranime, et fait dérouler devant nos yeux une faune immense dont l'œil de l'homme ne vit jamais le spectacle imposant?

Lorsque, après l'étude attentive de l'organisme, le naturaliste a déposé son scalpel, il voit devant lui tout un champ nouveau à explorer. Il ne lui suffit pas, en effet, de connaître la structure intime des organes, il veut assister au grand spectacle de la nature vivante; il cherche Dieu non plus dans la mort, mais dans la vie; puis, ravi par l'aspect de tant de merveilles, il s'incline humblement devant la majesté de leur Auteur, et, dans le vague lointain, le Créateur lui apparaît sur son trône éblouissant de lumière!...

« Pétri de boue, mais animé d'un souffle divin, l'homme, disait dernièrement M. Van Beneden dans un magnifique discours, l'homme est sorti des mains du Créateur armé d'intelligence et avide de liberté. Jeté nu sur la terre, il n'est, comme l'a dit Pascal, ni un ange ni une bête, mais il tient de l'un et de l'autre. Que de progrès accomplis par l'homme depuis l'époque où il n'avait qu'un caillou usé pour toute arme, et pour tout outil une hache de silex, jusqu'au jour où il dévore l'espace sur son char à vapeur transportant en quelques heures des populations entières d'un pays dans un autre !

» Tout faiblement armé qu'il est par la nature, il dompte les animaux les plus féroces; il supprime les secours qu'il a trouvés depuis la plus haute antiquité dans la bête de somme et de trait; mille outils multiplient le nombre et la puissance de ses bras; il donne un corps à la vapeur pour commander en maître absolu, une voix à l'électricité pour jeter sa pensée d'un bout du monde à l'autre; il dit à la lumière même: dessinez ! Le Tout-Puissant lui a donné le globe à explorer, et chaque génération ajoute son tribut aux trésors amassés par les générations qui l'ont précédée. L'homme met à profit toutes les propriétés que le Créateur a déposées dans cette vaste mine, et, à moins de l'avoir épuisée, il ne s'arrêtera probablement pas dans la voie du progrès. »

Les phénomènes de la création nous frappent de stupeur, soit que nos regards, en s'élevant, contemplent le mécanisme des cieux, soit qu'ils s'abaissent vers les plus infimes créatures d'ici-bas. L'immensité est partout, parmi ce dôme azuré où resplendit une poussière d'étoiles, chez cet insecte qui nous dérobe les merveilles de son organisme; et c'est cette immensité dans les infiniment grands et dans les infiniment petits qui confond notre orgueil et nous fait entrevoir une partie de la grandeur de la majesté de Celui dont émane toute chose.

Quiconque contemple ce spectacle avec les yeux de l'âme, dit saint Grégoire de Nysse, sent la petitesse de l'homme comparée à la grandeur de l'univers. Mais s'il est vrai qu'un sentiment d'humilité nous frappe en présence de l'immensité dans l'espace et de l'éternité dans les temps ; si chaque pas que l'homme fait dans la carrière, si chaque ride qui sillonne son front lui révèle sa débilité, son génie, comme une émanation du Créateur, le soutient dans sa marche en lui décelant sa puissance intellectuelle et tout ce qu'ont fait ses travaux pour la gloire de Dieu !

La puissance de Dieu, dit un naturaliste éminent, se révèle dans son œuvre avec toute sa majesté : les cieux et la terre sont là pour raconter sa gloire.

Ainsi que le propose la philosophie allemande, les générations qui animent le globe, en se succédant, semblent avoir marché constamment vers la perfectibilité intellectuelle ; et l'homme, ce dernier chef-d'œuvre de la puissance créatrice, est lui-même la vivante expression de cette vérité. Mais, dans ce combat où l'esprit a successivement dominé la matière, à mesure que les forces virtuelles de celle-ci ont diminué, une manifeste atonie a frappé les grands phénomènes du globe ; et si l'espèce humaine n'était apparue avec cette intelligence suprême qui la caractérise, on serait tenté de croire que la création a dégénéré ! En effet, que peut-on comparer à ces forêts gigantesques dont les débris antédiluviens alimentent nos foyers et nos usines ? que sont devenues ces races d'éléphants, de mastodontes, de rhinocéros et d'hippopotames, qui s'agitaient autrefois à la surface du sol que nous habitons ? que pouvons-nous comparer à ces crocodiles, à ces effrayantes mosasaures qui pullulaient anciennement sur nos rivages ? qui nous rappellera aussi, dans notre calme actuel, l'incompréhensible fécondité de la jeunesse du globe ? quelles mers brisent aujourd'hui assez de coquilles dans leurs vagues pour amonceler de nouvelles montagnes ? quelles eaux nourrissent actuellement assez d'animalcules microscopiques dans leur sein pour constituer de puissantes roches par le simple dépôt de leurs squelettes?

Si nous abaissons nos regards vers les plus infimes créatures de Dieu, nous voyons encore se révéler avec une magnificence inattendue l'infinie sagesse du Créateur : bientôt même le symbole de l'immensité dans les infiniment petits ne confond pas moins notre orgueil que l'incommensurable puissance de la nature! Alors on s'aperçoit que la nature animée semble imiter ce panthéisme antique qui plaçait des parcelles de la Divinité dans chacune des molécules des corps; elle aussi, elle est dans tout et partout : armé du microscope, l'œil en découvre des indices dans chaque interstice de la matière! et telle est la fécondité de la puissance créatrice, que l'illustre R. Owen calculait naguère qu'une seule goutte d'eau renferme parfois autant d'animalcules qu'il y a de milliers d'hommes à la surface du globe.

Fontenelle blâmait souvent cette ancienne et verbeuse philosophie, qu'il appelait, non sans raison, la philosophie des mots; le savant secrétaire de l'Académie voulait que l'intelligence ne s'exerçât que sur les faits, sur la philosophie des choses. Si nous voulons suivre pas à pas les conquêtes de l'observation, nous vous parlerons d'abord de certaines coquilles qui acquièrent à peine le volume d'un grain de sable, et qui, malgré leur extrême ténuité, n'en ont pas moins leur intérieur divisé en plusieurs chambres. Vous n'apprendrez peut-être pas sans étonnement que des animaux d'une telle petitesse, par le dépôt de leurs squelettes, ont formé des roches d'une grande épaisseur. Là, ils se trouvent tellement entassés, qu'un naturaliste prussien, M. Ehrenberg, a démontré que dans un pouce cube de l'un de ces agrégats, dans le tripoli de Bilin, on pouvait compter plus de mille millions d'individus de la gaillionelle ferrugineuse. Ainsi que le dit de Humboldt, ne semble-t-il pas qu'en mentionnant ces myriades d'animaux contenus dans un si étroit espace, on veuille renouveler le problème de l'arénaire d'Archimède , le dénombrement des grains de sable qu'il faudrait pour combler le monde ?

Ailleurs, d'autres coquilles microscopiques se sont amoncelées dans de si inconcevables proportions , que , par leur dépôt , elles ont formé des montagnes. Des vastes carrières creusées dans les flancs de celles-ci , on extrait même de la pierre qui sert aux bâtisses ; certaines villes en emploient considérablement , et telle est entre autres Paris : de façon que l'on peut avancer , sans hyperbole , que de grandes cités sont en partie construites avec des coquilles microscopiques.

L'Océan nous présente dans son sein un tableau non moins extraordinaire de la fécondité de la nature. Pendant certaines saisons, il ressemble la nuit à une mer de feu , dont les vagues phosphorescentes éclairent , de toutes parts , les flancs des navires : l'eau étincelle et scintille comme le firmament décoré de son manteau d'étoiles. Mais , ô merveille ! le microscope nous révèle que chaque étincelle de l'eau appartient à un animalcule d'un monde invisible à l'œil nu.

Tout nous enseigne aussi que , dans ses moindres créatures , Dieu sait allier la puissance à la perfection du mécanisme. Lorsque nos regards s'arrêtent sur les insectes eux-mêmes , nous le reconnaissons à l'instant , et nous ne sommes plus tentés de leur donner l'épithète dédaigneuse que la poésie leur adresse trop souvent.

Qui pourrait mieux démontrer ce que nous avançons , que l'histoire des sauterelles voyageuses ? Leurs nuées vagabondes , dit un savant écrivain , sont tellement compactes , qu'en s'élevant à l'horizon , elles obscurcissent le soleil , et elles s'avancent en produisant un bruit si formidable , que le voyageur Forskel le compare au retentissement d'une cataracte. Lorsqu'elles s'abattent sur quelque endroit , on les voit tomber semblables à une grêle abondante : les arbres se brisent sous leur poids , et , avec l'effrayante rapidité de la flamme , elles dévore toute la végétation. Puis souvent , jonchant la terre de leurs myriades de cadavres, elles engendrent des exhalaisons pestilentielles qui moissonnent les populations. D'après cela , on ne s'étonne plus que d'aussi frêles insectes soient rangés au nombre des plus terribles fléaux qui puissent frapper l'homme. Déjà leurs ravages ont été fidèlement décrits dans l'Exode , où Moïse raconte qu'elles vinrent fondre sur l'Egypte en la dépouillant de toute sa verdure. D'après cela aussi, on conçoit que la terreur qu'elles inspirent ait arraché cette exclamation à saint Jérôme : « Qu'y a-t-il de plus fort et de plus terrible que les sauterelles ? toute l'industrie humaine ne peut leur résister : Dieu seul règle leur marche ! »

Nous nous proposons dans cet ouvrage, de mettre sous les yeux de nos lecteurs, le tableau des mœurs des principaux mammifères. Le cadre restreint qui nous est imposé par la nature même de ce travail ne nous permettra point de les passer tous en revue ; nous choisirons surtout ceux dont la vie offre le plus de singularités , ceux dont l'histoire peut présenter le plus de documents utiles , ceux enfin dont la chasse ou la pêche sont d'un véritable intérêt. Nous aurons soin également, en donnant le récit des voyages lointains qui , par la masse de leurs découvertes, ont ajouté des observations précises aux récits erronés dont beaucoup d'espèces avaient été l'objet, d'initier autant que possible le lecteur aux sites habités par ces différents animaux.

SCÈNES

DE LA VIE

DES ANIMAUX

Les Singes

Le singe est sans contredit l'animal qui semble devoir intéresser le plus ; mais cet intérêt est de pure curiosité ; car il est impossible de le réduire en domesticité et d'obtenir de lui une obéissance qui permette de profiter de la merveilleuse organisation dont il a été doué. Si l'homme avait pu le dompter et le rendre docile comme le chien, il est probable qu'il l'aurait employé à la chasse, à la garde des troupeaux, et dans bien d'autres circonstances encore.

Les formes de ces animaux et leurs organes si semblables aux nôtres, la facilité que cette disposition leur donne pour exécuter certains mouvements analogues à ceux que nous exécutons nous-mêmes, ont fait que certains auteurs leur ont accordé une intelligence supérieure à celle de toutes les autres brutes et ont placé immédiatement ces animaux après l'homme ; quelques auteurs même ont été jusqu'à lui en comparer quelques-uns, à les classer dans la même famille.

Mais un grand philosophe français, M. de Maistre, pose une barrière ingénieuse entre l'homme et le singe. Dans les solitudes de l'ancien et du nouveau monde, dit-il, les singes s'approchent volontiers des feux qu'entretiennent pendant la nuit les caravanes pour se préserver du froid ou de l'approche des bêtes féroces. Les quadrumanes se chauffent aux brasiers avec plaisir, mais ils n'en allument pas. Faire du feu, ce don qui, selon la fable, rendit les dieux eux-mêmes jaloux de Prométhée, est un privilége qui n'appartient dans la nature qu'au genre humain seul. On comprend aisément, pour peu qu'on s'y arrête, qu'il devait en être ainsi. De tous les dons dévolus aux êtres organisés, il n'en est pas qui, au même degré que celui-là, demandât d'être surveillé et dirigé par l'intelligence. Le feu, source des arts utiles, âme du mouvement mécanique, principe et agent de l'industrie, ne serait, entre les mains d'un être irréfléchi, qu'un vaste et fatal moyen de destruction. La nature n'a pas voulu que le secret de cette grande force servît à d'autres fins qu'aux vues économiques du maître de la création.

Les sauvages les plus abaissés qu'on ait découverts jusqu'ici, savent produire le feu ; le singe le plus élevé ne le sait pas. Seulement, cet art augmente avec le progrès même des sociétés. Le sauvage engendre cet élément par des moyens lents et grossiers, en frottant des branches sèches les unes contre les autres, tandis que l'enfant des races civilisées le fait avec la promptitude de l'éclair ou de la pensée. Si l'orang-outang était doué de la même faculté, il courrait le risque d'incendier ses forêts et ses abris naturels.

L'homme, ajoute le docteur Franklin, se sépare encore du singe par une autre qualité de sa race : le dévouement. Il faut pourtant distinguer les faits. Dans tous les cas où l'espèce est menacée, l'animal se montre capable des plus grands sacrifices personnels. La femelle du singe affrontera, pour sauver son petit, les dangers les plus extrêmes avec un courage au moins égal à celui de la femme la plus dévouée. Seulement, cet oubli de soi-même, ce désintéressement maternel, se dément chez l'animal dans les actes ordinaires de la vie. La même guenon, qui est capable de mourir pour assurer le salut de sa progéniture, se montre incapable de s'imposer certaines privations de gourmandise. On la verra, par exemple, fouiller avec la main dans le gosier de son petit pour en retirer une amende ou toute autre friandise, qu'elle croque elle-même ensuite avec un égoïsme révoltant.

Les *quadrumanes* habitent les continents ou les îles des régions les plus chaudes du globe ; presque tous vivent sur les arbres ; c'est là qu'est leur vrai sol, car à terre leur allure semble embarrassée, tandis que le grand développement de leurs membres postérieurs leur permet d'exécuter d'énormes sauts de branche en branche.

Ces animaux ont les pouces des extrémités antérieures et postérieures opposables aux autres doigts, ce qui leur a valu le nom de quadrumanes (quatre mains). Leurs doigts sont généralement longs et grêles. Quelques-uns n'ont pas de queue ; d'autres en ont une souvent fort longue, quelquefois prenante et pouvant s'enrouler autour des branches pour les soutenir.

L'intelligence de ces animaux est aussi précoce que peu

durable. Leur caractère est irritable, mobile, capricieux
et jaloux; ils suppléent souvent à la force par la ruse; et
témoignent ordinairement une grande aversion pour les enfants. Leur taille varie depuis celle d'un petit rat jusqu'à
celle d'un homme de moyenne grandeur.

Le *chimpanzée* est de tous les singes connus, celui qui
se rapproche le plus de notre espèce, par le volume du
cerveau et par l'ensemble de son organisation. Le célèbre
Linné a décrit cet être singulier sous le nom de *homme
troglodyte*, et il est difficile de conclure de sa description
s'il a voulu désigner un animal ou un homme.

Les chimpanzées, vulgairement appelés *hommes des bois*,
sont confinés dans les régions brûlantes de l'Afrique, sur
les côtes de la Guinée et du Congo. Ils ont le visage plat,
basané, nu, ainsi que les oreilles, les mains et la poitrine.
Le reste du corps est couvert de poils rudes, noirs ou
bruns, mais clair-semés, excepté sur la tête, où ils sont
très-longs et lui forment une chevelure pendante par derrière et sur les côtés. Ils marchent debout avec assez de
facilité.

En domesticité, le chimpanzée montre la même douceur
que l'orang, mais plus d'intelligence. « J'ai vu cet animal, dit
Buffon, prendre la main pour reconduire les gens qui venaient le visiter, se promener gravement avec eux et comme
de compagnie; je l'ai vu s'asseoir à table, déployer sa serviette, s'en essuyer les lèvres, se servir de la fourchette et
de la cuillère pour porter à la bouche, verser lui-même sa
boisson dans un verre, le choquer lorsqu'il y était invité;
aller prendre une tasse et une soucoupe, l'apporter sur la
table, y mettre du sucre, y verser du thé, le laisser refroidir
pour le boire, et tout cela sans autre instigation que les signes
ou la parole de son maître, et souvent spontanément. Il
aimait prodigieusement les bonbons, buvait du vin, mais

en petite quantité, et le laissait volontiers pour du lait, du
thé ou d'autres liqueurs douces. »

Sans aller chercher si loin ces exemples, on a vu, il y a
quelques années, à Paris, un jeune de ces animaux étonner
tout le monde par son intelligence. Nous emprunterons à
Boitard l'histoire de cet intéressant animal, qui s'appelait
Jacqueline.

Elle était douce, bonne, caressante même ; elle reconnaissait parfaitement les gens qui allaient la voir, et leur faisait plus de caresses qu'aux autres ; si on la contrariait, elle
pleurait à sanglots comme un enfant, se retirait dans un coin
de l'appartement et boudait quelques minutes ; mais sa colère
enfantine cédait à la plus petite avance d'amitié ; alors elle
essuyait ses larmes et revenait sans rancune auprès de celui
qui l'avait chagrinée. Quoique sa jeunesse fût extrême (elle
avait deux ans et demi), son intelligence était déjà fort développée, et j'en citerai deux exemples qui sont très-remar-
quables. Une personne qui allait la voir posa ses gants sur
une table : aussitôt Jacqueline s'en empara et voulut les
mettre ; mais elle n'en put venir à bout, parce qu'elle plaçait à droite le gant de la main gauche ; on lui montra sa
méprise, et on parvint si bien à la lui faire comprendre,
que depuis elle ne s'est jamais trompée, quoiqu'on l'ait
mise souvent à l'épreuve. — Un peintre d'histoire naturelle
se présente pour la dessiner. Jacqueline, fort étonnée de
voir son image se reproduire sous le crayon d'un habile
artiste, voulut aussi dessiner ; on lui donna du papier et un
crayon ; elle s'assit gravement à la table du maître et traça
avec grande joie quelques traits informes. Comme elle ap-
puyait de toutes ses forces, la pointe du crayon cassa, elle
en fut très-contrariée. Pour l'apaiser, on le lui tailla, et,
corrigée par l'expérience, elle appuya moins.

Elle vit le dessinateur porter le crayon à sa bouche, et elle

en fit autant : seulement au lieu de se contenter d'en mouiller
la pointe, elle ne manquait jamais de la casser avec ses
dents : il fut impossible de l'en empêcher, et ce grave inconvénient mit fin à ses études artistiques.

Elle essayait de coudre comme la femme qui la gardait,
mais chaque fois il lui arrivait de se piquer les doigts; alors
elle jetait là l'ouvrage, s'élançait sur la corde qu'on lui avait
tendue, et se consolait de sa maladresse, en faisant quelques
cabrioles qui auraient fait pâlir le plus hardi funambule.

Jacqueline avait un chien et un chat qu'elle aimait beaucoup; elle les gâtait au point de les faire coucher tous deux
à côté d'elle, dans son lit, l'un à droite, l'autre à gauche;
mais elle sut néanmoins conserver sur eux la supériorité que
donne l'intelligence, et quand elle le jugeait convenable, elle
les châtiait sévèrement pour les soumettre à son obéissance
et pour les forcer à vivre entre eux en bons amis.

La pauvre Jacqueline avait l'habitude de se laver chaque
matin le visage et les mains avec de l'eau fraîche; ces
aspersions, jointes aux rigueurs d'un climat si différent de
celui d'Afrique, lui occasionnèrent probablement la maladie
de poitrine dont elle mourut.

Trois cents ans avant notre ère, dit Boitard, les Carthaginois, sous la conduite d'Hannon, abordèrent dans une
île de l'Afrique occidentale. Une immense troupe de singes
les observaient, et les Carthaginois, les prenant pour des
ennemis, les chargèrent aussitôt. On remarqua que ces
animaux ne tinrent pas en rase campagne contre leurs
aggresseurs, mais qu'ils se sauvèrent avec beaucoup de
précipitation sur des rochers d'où ils se défendirent vail-
lamment à coups de pierres. On ne parvint à se rendre
maître que de trois de ces animaux, qui résistèrent avec tant
d'acharnement, qu'il fut impossible de les prendre vivants.
Hannon, qui les prit pour des femmes sauvages et velues,

les fit écorcher et rapporta leurs peaux à Carthage. Elles furent déposées dans le temple de Junon, où deux siècles après, les Romains les trouvèrent lors de la conquête de cette ville. Il est probable que tout ce que les anciens nous ont transmis de leurs satyres, faunes, sylvains et autres divinités des bois, tire son origine de l'histoire mal connue de cet animal. La peau de satyre que saint Augustin dit avoir vue à Rome, était certainement celle d'un de ces animaux.

Les chimpanzées, dans leur jeune âge, joignent aux formes arrondies des enfants la même pétulance, la même gaîté. Ils ont de la douceur, de la docilité pour apprendre et un rare esprit d'imitation. On les a vus, dans la domesticité, sérieux, graves, mais rendant caresses pour caresses, s'attachant à ceux qui leur accordaient de bons traitements; imiter nos actions, s'habituer à nos mets, même à ceux qui sont le plus opposés à leurs goûts naturels; se transformer par l'éducation, et racheter la gaucherie de leurs gestes par la sagacité de leurs observations et la finesse intelligente qui les portait à les exécuter.

En vieillissant au contraire, les chimpanzées deviennent moroses et tristes. Presque tous les individus conduits en Europe sont morts sans atteindre un âge avancé. Dans leur vie libre et indépendante, ce qu'on appelle férocité, sauvagerie, est le sentiment de leur force, qui les porte à repousser toute atteinte agressive menaçant la sécurité de la famille. Un voyageur qui a habité Angola pendant plusieurs années dit que l'intelligence de cet animal est vraiment extraordinaire. Il marche ordinairement debout, appuyé sur une branche d'arbre en guise de bâton. Les nègres le redoutent, et ce n'est pas sans raison, car il les maltraite rudement quand il les rencontre. Il ne lui manque que la parole pour le rapprocher complètement de notre espèce; et les nègres supposent que s'il ne parle pas c'est par paresse, et qu'il craint en se faisant connaître pour homme, d'être obligé de travailler. Ce préjugé est tellement enraciné chez eux, qu'ils lui parlent quand ils le rencontrent.

Examinons maintenant le chimpanzée à l'état sauvage. Quand il est à terre, il se tient debout, et marche avec un bâton qui lui sert d'arme offensive et défensive. Il se sert aussi de pierres, qu'il lance avec adresse pour repousser l'attaque des nègres, ou pour les attaquer s'ils osent pénétrer dans les lieux qu'il habite. Ces animaux vivent en petites troupes dans le fond des forêts; ils savent fort bien se construire des cabanes de feuillages pour s'abriter des ardeurs du soleil et de la pluie. Ils forment aussi des sortes de petites bourgades, où ils se prêtent un mutuel secours pour éloigner de leurs cantons les hommes, les éléphants et les animaux féroces. Dans ces attaques, si l'un des leurs est atteint d'un coup de flèche ou d'un coup de fusil, ses camarades retirent de la plaie, avec beaucoup d'adresse, le fer de la flèche ou la balle, puis ils pansent la blessure avec des herbes mâchées et la bandent avec des lanières d'écorce.

Mais ce qu'il y a de plus singulier chez ces animaux, ce qui dénote chez eux une intelligence très-développée, c'est qu'ils donnent la sépulture à leurs morts. Ils étendent le cadavre dans une crevasse de la terre, et le recouvrent d'un épais amas de pierrailles, de feuilles, de branches et d'épines, pour empêcher les hyènes et les panthères de les déterrer pendant la nuit.

Les chimpanzées habitent leurs cabanes pendant les nuits orageuses, quand ils sont malades, ou pour se préserver de l'ardeur du soleil; car dans toute autre circonstance ils dorment sur un arbre.

La mère a beaucoup de tendresse pour son petit, elle le

caresse sans cesse et le tient avec beaucoup de propreté.
Elle le porte sur ses bras quand elle n'a qu'une faible distance à parcourir ; dans le cas contraire, elle le place sur
son dos, où il se cramponne avec les mains et les pieds à
la manière des négrillons.

Les chimpanzées aiment aussi la société ; ils sont souvent
réunis en assez grand nombre, et quand ils trouvent moyen
de s'emparer d'êtres humains, ils les emmènent dans leurs
forêts, les surveillent pour qu'ils ne s'échappent pas. C'est
ainsi qu'ils enlèvent quelquefois de jeunes nègres ou de
jeunes négresses, les emportent avec eux, et on a beaucoup de peine à les leur arracher. Ils les nourrissent et les
soignent bien. Ainsi Bottel nous apprend qu'un négrillon
de sa suite, ayant été emmené par des chimpanzées, vécut
douze à treize mois dans leur société, et revint très-content,
gros et gras, en se louant beaucoup du traitement de ses
ravisseurs.

Les *orangs* sont, parmi les quadrumènes, ceux qui se
rapprochent le plus des chimpanzées. Ces derniers habitent
l'Afrique et se trouvent surtout dans le Congo ; les premiers
sont originaires d'Asie, et se trouvent surtout dans les îles
qui l'avoisinent, Bornéo et Sumatra. L'orang-outang, dont
le nom signifie en malais *être raisonnable*, a le corps recouvert d'un poil roux, et une taille égale à celle de l'homme.
Dans sa jeunesse, ce singe a la physionomie d'un aspect
assez agréable ; avec l'âge sa laideur augmente, parce que
son museau s'alonge, que ses joues se développent et deviennent pendantes.

Sur terre la démarche des orangs est embarrassée ; ils marchent ordinairement à quatre pattes ; mais ils grimpent sur
les arbres avec une extrême agilité, franchissant des distances
considérables en s'élançant de branche en branche, en s'ac-
crochant par les pieds et par les mains sans jamais tomber.

Ces animaux sont extrêmement forts, ce qui a empêché jusqu'à présent d'en capturer d'adultes.

Ils sont sociables, et vivent en troupes dans les hauts arbres des forêts, dont ils ne descendent que pour chercher des œufs dans les broussailles; on assure même qu'ils se bâtissent des espèces de hamacs pour reposer la nuit. On a assez souvent observé de ces singes en bas âge; alors ils sont doux, affectueux, et recherchent la société. Ils sont doués d'une grande intelligence et susceptibles de recevoir une certaine éducation. On ne peut leur refuser la faculté de raisonner; plusieurs actes prouvent qu'ils la possèdent, et entre autres le fait d'un jeune orang offert à Joséphine, qui, ayant été égratigné par un chat avec lequel il jouait, saisit sa patte, en fit l'inspection et s'efforça d'en arracher les ongles; une autre fois il apporta une chaise près d'une porte pour monter dessus, en atteindre l'olive, et l'ouvrir, afin de se rendre dans un appartement voisin.

On en a vu qui s'essuyaient les lèvres avec une serviette, prenaient du thé, du vin, et mangeaient avec plaisir de la viande rôtie et du poisson. On cite un jeune orang qui étant sur un bâtiment, servait le thé aux officiers, brossait leurs habits comme un domestique et aidait les matelots quand ils nettoyaient le pont.

En avançant en âge il paraît que le naturel de ces singes change, et que lorsqu'ils sont adultes ils deviennent très-farouches, ce qui, à cause de la grande force dont ils sont doués, les rend très-redoutables.

Autrefois cet animal était beaucoup plus commun qu'il ne l'est aujourd'hui. Strabon rapporte que lorsque Alexandre le Grand entra dans l'Inde à la tête de ses armées victorieuses, il en rencontra une nombreuse troupe qu'il prit pour une armée ennemie. Aussitôt il fit marcher contre

elle son invincible phalange macédonienne ; mais le roi
Taxile, qui se trouvait près de lui, tira le conquérant de
l'Asie de son erreur, en lui apprenant que ces créatures,
quoique semblables à nous, n'étaient que des singes fort
pacifiques, nullement sanguinaires, et n'ayant pas la plus
mince parcelle d'esprit de conquête.

Cet animal, dit Franklin, a été quelquefois apprivoisé
dans les pays de l'Orient, où la température lui permet
de vivre. Le P. Coubasson avait élevé un jeune singe
de cette famille. L'animal s'attacha tellement au mission-
naire, que quelque part qu'allât celui-ci, l'animal semblait
désireux de l'accompagner. Toutes les fois que le Père
avait quelque service religieux à accomplir, il était toujours obligé d'enfermer l'orang-outang dans une chambre.
Un jour cependant l'animal s'échappa et suivit son maître
à l'église. Là il monta silencieusement sur le sommier
d'orgue au-dessus du pupitre, et demeura parfaitement
tranquille jusqu'à ce que le sermon commençât. Alors il
se glissa sur le bord du sommier, et, regardant en face
le prédicateur, il se mit à imiter tous ses gestes d'une
manière si grotesque, que la Congrégation fut saisie
d'une irrésistible envie de rire. Le Père, surpris et confondu
de cette légèreté, réprimanda sévèrement l'auditoire inat-
tentif. La mercuriale manqua son effet ; la Congrégation
continuait de se montrer distraite, et le prédicateur, dans
la chaleur de son zèle, redoubla les effets de voix et les
gestes. Le singe imita si bien la véhémence de cette action
oratoire, que la Congrégation, ne pouvant se contenir
plus longtemps, se répandit en un bruyant éclat de rire.
Le Père se fâcha pour tout de bon et menaça ses audi-
teurs de la colère du ciel. Mais un ami du prédicateur
vint enfin vers lui et lui désigna du doigt la cause de
cette hilarité inconvenante. Le prédicateur alors se mit

lui-même à rire, et les domestiques de l'église enlevèrent non sans quelque résistance, le singe qui abusait ainsi de sa facilité d'imitation.

Lorsque les habitants découvrent dans les bois une femelle avec son nourrisson, ils tâchent de tuer la mère avec des flèches empoisonnées, afin de se rendre maîtres du jeune animal, qu'ils conservent assez facilement en vie au moyen de riz bouilli, de bananes et autres fruits. A cet âge ils sont très-friands de la canne à sucre, d'eau sucrée; à un âge plus avancé, on les accoutume à se nourrir de fruits, et plus tard de viande bouillie ou rôtie. Mais ce changement de régime, ainsi que tout changement de climat et de température, même dans les régions tropicales, leur est fatal : aussi n'en a-t-on vu que très-rarement dans nos climats.

Quelques peuplades de ces climats sont très-friands de la chair de l'orang, et ils lui font une chasse assidue. Aussi les poursuites dont cet animal est l'objet, contribuent à l'éloigner de plus en plus des lieux populeux, des bords des fleuves, et à le reléguer dans l'intérieur des forêts, quoique par goût il aime à se rapprocher des cours d'eau.

Lorsqu'un orang a été tué par des flèches empoisonnées, les indigènes enlèvent de suite une partie des chairs à l'entour de la blessure, puis ils dépouillent l'animal, le coupent par morceaux; ils gardent précieusement la graisse pour assaisonner leurs aliments, font rôtir la chair sur des brasiers, ou la coupent par tranches qu'ils font sécher au soleil; la peau leur sert à faire des jaquettes ou des bonnets de forme grotesque dont ils s'affublent les jours de fête ou pour se donner un air redoutable. La chair de ces animaux est blanche et molle; mais elle a, comme celle des autres singes, un goût douceâtre qui répugne au palais d'un Européen.

Lorsque l'orang se sent blessé grièvement, il monte incontinent à la cime de l'arbre sur lequel il se trouve, et lorsque cet arbre n'est pas assez élevé, il passe sur un autre qui puisse mieux le mettre à l'abri des armes. Il fait entendre sa voix mugissante, mais ne montre pas les dents à son adversaire comme le font quelques autres espèces de ces animaux; il ne fait aucun usage de cette arme puissante pour mordre. Sa véritable force réside uniquement dans ses muscles, et malheur à qui serait enlevé dans ses bras vigoureux.

Ne pouvant assouvir sa rage contre son ennemi, il s'en prend aux branches de l'arbre sur lequel il se trouve; casse des branches de la grosseur du bras et les lance à terre, de façon que toute la cime d'un arbre est souvent dévastée en peu d'instants.

Cet animal n'a d'autres ennemis que l'homme et le tigre royal, mais seulement lorsqu'il est à terre; et encore parvient-il à leur échapper souvent en montant sur les grands arbres.

Pour se soustraire à la poursuite de l'homme, la prudence et la ruse viennent à son secours; son oreille est continuellement attentive, il se défie du moindre bruit; la voix ou les pas d'un ennemi qui se dirige vers lui, le frottement des feuilles et des fougères lui commandent la retraite : alors il se glisse dans les touffes les plus épaisses du feuillage, et s'y tient immobile jusqu'à ce que le danger soit passé. Aussi les chasseurs observent-ils le plus profond silence pour tâcher d'atteindre l'orang par ruse et par surprise.

Quelques naturalistes, prévenus ou mis en erreur par des observations trop légères, ont mis en doute que l'intelligence de l'ourang-outang dépassât celle du chien domestique. « Et cependant, dit Franklin, l'orang-outang,

sans être instruit par l'homme, accomplit des actes dont le
chien le plus sagace et le mieux instruit se montre tout à fait
incapable. »

Si le chien est enchaîné et que sa chaîne s'embarrasse
autour de lui par la rencontre de quelque corps étranger,
l'animal tire brutalement à lui et souvent accroît le mal
au lieu de le réparer. Si l'obstacle résiste, il s'alarme,
il crie et ne s'avise jamais de rechercher la cause du contre-
temps. Il n'en est pas de même pour l'orang : du moment
où un accident lui arrive, il cherche à se rendre compte
de l'état des choses. On ne le, verra pas tirer et lutter
contre la force matérielle par la force aveugle ; mais à
l'instant même il s'arrête comme ferait un homme placé
dans les mêmes conditions ; il retourne sur ses pas pour
examiner la raison. du fait : si la chaîne est embarrassée
par une malle ou un ballot de marchandise, il la dégage ;
si elle est entortillée autour d'un pieu, il la détortille.
On a vu un de ces animaux qui était attaché par une
chaîne, la détacher et se sauver avec elle en la traînant
après lui. Jugeant alors que la longueur de ce lien l'in-
commodait, il la roula en une ou deux brassées et la jeta
sur son épaule ; il répéta plusieurs fois cette même manœuvre, et quand il trouvait que la chaîne jetée sur son
épaule ne se comportait pas à son gré, il la prenait dans
sa bouche. C'est précisément ici que se trouve la limite
entre l'instinct et l'intelligence.

Les *gibbons* servent d'intermédiaire entre les orangs, les
chimpanzées et les autres singes. Ils ont les bras démesuré-
ment longs, ce qui les rend très-propres à grimper et à
se tenir sur les branches des arbres des forêts où ils vivent
confinés.

Exclusivement asiatiques, ces grands singes se réunissent
en troupes, ont des mœurs douces, inoffensives, et se

nourrissent de fruits, de racines, de bourgeons. Ce sont des animaux défiants et timides, que l'excessive longueur de leurs bras, terminés par des mains en formes de crochets, rend maladroits, et dont l'intelligence est de beaucoup inférieure à celle des chimpanzées et des orangs. Ils boivent en trempant leurs doigts dans l'eau et en les suçant.

Le *siamang* de Sumatra est le plus connu de tous les gibbons. Il vit par troupes composées de six à huit individus, sous la conduite d'un chef plus fort que les autres et que les malais superstitieux croient invulnérable. Durant le jour, ils restent cachés silencieusement dans le feuillage; mais au lever et au coucher du soleil, ils font entendre des cris épouvantables qui retentissent à plusieurs milles de distance.

Ces animaux sont peu agiles et ne marchent qu'avec difficulté; aussi, quand on aperçoit leur bande, il serait facile de les atteindre, si, par une extrême vigilance, ils ne veillaient à leur sécurité en plaçant des sentinelles qui, au plus petit bruit qu'elles entendent à un mille de distance, donnent un signal d'alarme qui leur fait prendre la fuite.

Les siamangs sont très-attachés à leurs petits; on dit même qu'ils en prennent un soin extrême, qu'ils les portent chaque jour à la rivière, les lavent malgré leurs plaintes, les essuient et les sèchent avec beaucoup d'attention. Si un petit tombe mortellement blessé par une balle, sa mère se laisse tomber près de lui en jetant des cris affreux, se roule de désespoir, et fait tout ce qu'elle peut pour ramener son enfant à la vie.

Aperçoit-elle l'ennemi qui a frappé le coup fatal, elle se relève et se précipite sur lui en étendant les bras, ouvrant la gueule et poussant des hurlements lamentables. Mais là se bornent ses efforts, car elle ne sait ni mordre, ni frapper, ni parer les coups, et elle meurt victime de l'amour maternel.

Du reste, dit encore l'historien du Jardin des plantes, cet animal est peu intelligent, apathique, maladroit, mais fort doux. Huit jours après avoir été pris, il est aussi apprivoisé, aussi accoutumé à l'esclavage que s'il eût passé toute sa vie en domesticité. Pour cela il n'en est pas plus aimable, car il paraît aussi insensible aux bons traitements qu'aux mauvais, et sans jamais chercher à faire de mal il ne donne pas non plus de signe d'affection; la reconnaissance et la haine sont pour lui des passions tout à fait étrangères. La peur et la stupidité exercent sur lui un tel empire, que dans les forêts s'il rencontre un tigre, loin de chercher à se sauver il reste immobile comme une statue, se borne à jeter sur son ennemi un œil effaré, et cette fascination lui coûte la vie.

Cependant on en a vu quelques-uns en domesticité et qui semblaient assez intelligents, celui entre autres auquel on avait donné le nom d'Ungka. Cet animal aimait à jouer, et préférait la société des enfants à celle des adultes. Il était à bord d'un vaisseau qui se rendait en Angleterre et sur lequel se trouvait une petite fille malaise. Il est probable que ce singe regardait cette enfant comme ayant une sorte d'affinité avec son espèce; on les voyait souvent ensemble, les longs bras de l'animal jetés autour du cou de la petite fille et mangeant l'un et l'autre du biscuit. Il était vraiment amusant de les voir tous les deux courir près du cabestan; le singe poursuivait l'enfant ou était poursuivi par elle.

Sur le même vaisseau se trouvaient plusieurs singes, avec lesquels, dit J. Franklin, Ungka se montrait désireux de jouer; mais ceux-ci se sauvaient lorsqu'il approchait, ou ils éloignaient toute tentative de rapprochement par des mouvements hostiles particuliers à leur race. Ungka, ne pouvant établir entre eux de rapports sociaux, résolut de s'en venger, et pour cela il saisissait par la queue celui qu'il pouvait attraper, et montait ainsi sur les agrès. N'ayant pas de queue, il savait qu'on ne pouvait user à son égard des mêmes représailles ; mais cet exercice n'avait rien d'amusant pour les autres singes, qui l'évitaient avec grand soin, ou faisaient à son approche une si formidable défense qu'il fut obligé lui-même de cesser ces jeux.

Lorsque le garçon de service annonçait que le dîner était servi, Ungka ne manquait jamais d'entrer dans la cabine, prenait sa place devant la table et recevait avec reconnaissance les bons morceaux. Si par hasard on riait de lui pendant le dîner, il témoignait son indignation d'être pris pour sujet de plaisanterie.

Il détestait la solitude : renfermé, il entrait dans de grands accès de colère ; mais libre, il était parfaitement tranquille. Au coucher du soleil, il s'approchait de ses amis en faisant entendre des notes particulières qui indiquaient le désir d'être pris dans les bras. Une fois sa demande exaucée, il était difficile de le déplacer de cette couche provisoire. Toute tentative pour changer sa position était aussitôt suivie de cris violents, et il se collait encore plus étroitement à la personne dans les bras de laquelle il était placé. Il fallait alors, pour le déposer dans son lit, attendre qu'il tombât de sommeil.

Il ne pouvait supporter la contrainte, et comme la plupart des hommes, il était toujours de bonne humeur quand il suivait sa propre volonté. Lui refusait-on quelque chose, il se livrait à tous les emportements de la colère, se couchait sur le pont, se roulait sur lui-même, jetait ses bras et ses jambes dans différentes directions, heurtait tous les objets qui pouvaient se trouver à sa portée, se promenait en long et en large avec un air boudeur.

Quand le temps devint froid, il perdit sa vivacité et ses manières folâtres ; la chaleur revenait-elle un jour ou deux, il semblait revivre ; enfin le froid augmentant, il tomba malade et mourut. C'est trop souvent le sort de ces malheureux animaux que l'homme enlève au climat natal, et qu'il veut introduire dans des contrées que la nature n'a point faites pour eux.

Les *semnopithèques*, dont le nom signifie *singes vénérés*, habitent l'Inde et une partie des îles de l'archipel indien. Le plus intéressant de ces animaux est l'*entelle* et mérite une attention toute particulière. Ce n'est pas seulement une espèce particulière : tout en lui semble annoncer un type nouveau, sa physionomie générale, les proportions de ses membres, ses dispositions intellectuelles ; avec tous les caractères des guenons, il n'a pas l'extérieur de ces singes : au lieu de ces membres vigoureux dans leurs proportions qui annoncent autant d'agilité que de force, au lieu de cette pétulance dans les mouvements, de cette vivacité dans le regard, de cette mobilité dans les traits du visage, l'entelle a les membres d'une longueur démesurée et en apparence très-grèles, des mouvements lents, un œil et une physionomie dont rien ne semble pouvoir altérer le calme.

Les Indous Brahmas ont, comme on le sait, un respect religieux pour la vie de tous les animaux ; il en est cependant quelques-uns pour lesquels ils ont plus de vénération que pour les autres, et l'entelle est de ce nombre. Ils se laissent dépouiller par eux, se glorifient même des ravages qu'ils causent dans leurs cultures ; et ces animaux sont tellement habitués à ne suivre que leurs penchants au milieu de cette population dégradée, qu'ils semblent y commander en maîtres ; ils viennent jusque dans l'intérieur des habitations s'emparer des repas et même arracher des mains les aliments qui leur conviennent. Ces animaux, qui occupent une des premières places parmi les trente millions de divinités indiennes, ne sont rien moins, selon la croyance populaire, que des princes métamorphosés; celui qui a le malheur d'en tuer un, doit nécessairement mourir dans l'année.

« Il n'existe pas, dit un savant naturaliste, de pays au monde plus riche en animaux singuliers que celui habité par le *kahau*, et parmi ces animaux il n'en est pas de plus extraordinaire que ce singe. »

Qu'on se figure un petit vieillard de trois pieds et demi de hauteur, au dos voûté, à la mine rechignée, joignant à la caducité de l'âge toute la vivacité et la pétulance de la première jeunesse, et on aura une légère esquisse du portrait de cet animal. Mais ce qu'il y a de plus étrange, ce que l'on ne peut regarder sans rire et sans être effrayé, c'est son nez prodigieux : si l'on s'imagine une spatule échancrée, noire comme du charbon, longue de près de six pouces, placée sur son visage de manière à ôter à l'animal toute possibilité de saisir quelque chose avec sa bouche, on aura de sa grotesque figure une idée assez juste.

Les nasiques ou kahaus sont capricieux, méchants, et ne s'habituent jamais bien à la servitude. Ils vivent en troupes dans les forêts, et se plaisent à venir chaque soir et chaque matin faire une excursion de gambades sur les arbres qui ombragent les grandes rivières. Là, ils jouent, bondissent de branche en branche, se poursuivent les uns les autres et se livrent à la joie la plus tumultueuse. Ils accompagnent constamment leur jeu du cri *kahau-kahau*, d'où leur est venu leur nom. Mais ce tapage dont ils font retentir les forêts, leur est quelquefois funeste, car il attire les chasseurs, et quelques coups de fusil ont bientôt fait cesser leurs bruyants plaisirs et mis la troupe en fuite. Cependant, s'il y en a quelques-uns de blessés, les autres ne les abandonnent pas, et ils tâchent de les emporter avec eux. Lorsque la présence des chasseurs les empêche de réussir, les plus gros et les plus robustes de la bande restent en embuscade à quelque distance, en attendant que l'ennemi se soit retiré, pour porter secours à leurs camarades. S'ils ne les trouvent pas, ils les cherchent quelque temps, et si toutes leurs investigations sont inutiles, ils regagnent le fond de leurs forêts dans le silence de la tristesse.

Les *guenons* habitent les régions les plus chaudes de l'Afrique ; elles sont remarquables par leur pétulance, leur agilité, la mobilité de leur caractère, qui surpasse tout ce que l'on peut supposer de plus capricieux et de plus inconstant.

Ces animaux vivent par troupes très-nombreuses, cherchant leur nourriture près des habitations et des lieux cultivés, dans les champs et les vergers qu'ils dévastent en fort peu de temps. On assure que ces singes sont de la plus grande prudence pour faire ces excursions. Les plus âgés, placés en tête et en queue de la troupe, la conduisent et veillent à sa sûreté. Arrivés sur le lieu du pillage, des sentinelles sont placées sur les points les plus élevés, afin d'avertir au moindre danger les maraudeurs qui se rangent sur une ou plusieurs lignes. Les fruits ou les plantes sont jetés par ceux qui les cueillent à ceux dont ils sont les plus proches, ces derniers les passent à leurs voisins, de sorte que, à l'aide de cette chaîne et en très-peu de temps, toute une récolte passe, de main en main, d'un verger dans le repaire de ces audacieux voleurs.

Ces singes au naturel turbulent aiment l'indépendance et ne tolèrent dans les localités qu'ils habitent que les ani-

maux qu'ils n'en peuvent chasser. On dit qu'il en est qui
attaquent ceux-ci et même l'homme quand ils y pénètrent,
et qu'après s'être réunis aux cris d'alarme de leurs sentinelles, ils leur lancent du haut des arbres des branches et
des fruits en quantité innombrable.

Doux, dociles dans leur jeune âge, ils deviennent
méchants et intraitables en vieillissant. On ne connaît guère
qu'un moyen de dompter une guenon adulte : c'est de lui
enlever ses énormes canines, dont les supérieures, tranchantes en arrière, font de larges et profondes plaies. Après
la perte de ces dents, son naturel change, elle a conscience
de sa faiblesse, et loin d'attaquer, elle évite ceux qu'elle
poursuivait naguère.

Ces singes ont une vivacité et une pétulance telles, que
hors l'état de maladie ou de vieillesse, il n'est guère pour
eux que deux conditions : le mouvement non interrompu
ou le sommeil.

Ils sont d'une extrême mobilité d'impressions, et remarquables par leur aptitude à passer, pour les plus légers
motifs, de la gaieté à la tristesse, de la tristesse à la joie
ou à la colère. Ainsi, on les voit désirer ardemment un
objet, témoigner la joie la plus vive s'ils parviennent à
l'avoir, et presque aussitôt le rejeter avec indifférence ou
le briser avec colère.

Les *macaques* sont exclusivement asiatiques; ils sont
plus indociles, plus capricieux, plus colériques encore que
les guenons; toutefois leur intelligence est fort grande, et
on peut, en les pliant de bonne heure à la domesticité, leur
apprendre une foule d'exercices dont ils s'acquittent parfaitement. En vieillissant ils deviennent fantasques, traîtres et
méchants.

Les Brahmanes pensent que, par la métempsycose, l'âme
des malheureux rejetés du sein de Brahma est renfermée

dans le corps d'un de ces animaux, le *macaque bonnet chinois*. Une autre espèce, le macaque ordinaire, si célèbre par ses grimaces, est utilisé par les Malais, qui en dressent à grimper sur les arbres pour y cueillir les fruits sans les manger.

La *toque* est parmi les macaques un des habitants les plus communs de nos ménageries; dans l'Inde elle est adorée et élevée dans les temples. Dans nos ménageries, ce qui charme surtout, c'est l'imperturbable gravité qui accompagne toutes ses actions. Jeune, cet animal se montre assez gentil et familier, et on peut lui apprendre tous les arts d'agrément que le génie des singes est capable d'acquérir. Il est encore curieux de voir ces animaux, quand ils sont deux ou trois ensemble, se cajoler, se soigner réciproquement, se peigner, visiter mutuellement leur fourrure, y chercher les puces et autres vermines, et les détruire à la manière des Esquimaux, des Australiens et des Hottentots, c'est-à-dire en les mangeant.

Il serait trop long de suivre les mœurs des diverses variétés de macaques, ainsi que des autres singes. Pour se faire une idée de la vie de ces créatures, il ne faut pas se borner à les étudier dans les cages de nos ménageries; il faut se les représenter au milieu des forêts vierges de l'Asie ou de l'Afrique.

Là ils sont chez eux, là ils défient l'homme. A l'ombre des vieux arbres, vieux comme la forêt qui est elle-même vieille comme le monde, ils repoussent, en se coalisant, les pas du voyageur assez téméraire pour s'avancer dans leur domaine. Quoique les Indiens et les nègres détestent ces animaux à cause des dégâts qu'ils commettent dans leurs plantations, ils ont beaucoup de peine à les atteindre. Le moyen en effet de grimper sur ces grands arbres, ou les serpents s'entrelacent, se nouent et pendent aux branches comme des lianes vivantes? le moyen de lutter de vitesse et d'agilité avec ces intrépides sauteurs dont les pieds et les mains sont conformés pour la vie de suspension?

Quoique les singes se nourrissent principalement de végétaux, il y en a qui descendent sur le rivage pour manger des huîtres ou des crabes. Leur moyen de les atteindre est assez singulier. Ainsi, pour les huîtres, ils prennent une pierre et la jettent entre les écailles ouvertes du mollusque ; cet obstacle empêche l'huître de se fermer, et le singe peut alors la manger à son aise.

Ces sagaces animaux ont aussi un moyen pour pêcher les crabes : ils plongent leur queue dans l'eau et la tiennent au bord du trou dans lequel cet animal cherche un refuge. Lorsque le crabe s'attache à la queue, le singe la retire brusquement et jette sa proie sur le rivage.

Cette habitude de tendre des piéges les rend très-difficiles à prendre eux-mêmes ; ils opposent une défiance naturelle aux artifices que l'industrie humaine invente contre eux, et souvent ils parviennent à les déjouer.

Les *cynocéphales* s'éloignent de plus en plus du chimpanzée et de l'orang ; ils offrent cependant quelques singes de grande taille, et parmi eux les *babouins*, dont le *chacma* ou singe noir de Levaillant, habite au cap de Bonne-Espérance parmi les rochers âpres et sauvages. Ils commettent beaucoup de dégâts dans les terres des colons.

Un vieux chacma, dit un auteur distingué, est un terrible champion, et quelques fermiers, dans l'intérieur des terres, aventureraient plutôt leurs chiens de chasse contre un lion ou une panthère que contre un de ces singes ; il n'y a pourtant pas d'animal pour lequel la race canine témoigne plus d'aversion ; lorsqu'ils sont attaqués par les chiens, ils opposent une vigoureuse résistance et tuent souvent quelques-uns de leurs agresseurs. Le léopard, la hyène sont souvent obligés de fuir devant une troupe de ces babouins.

Le *mandrill* est, comme le babouin, féroce et malveillant. Un de ces animaux vivait, il y a quelques années, à la tour de Londres. L'animal attirait l'attention, dit un témoin oculaire, par sa ressemblance avec l'homme, non-seulement dans sa forme et ses caractères extérieurs, mais aussi dans ses mœurs, ses habitudes et ses manières. Un pot d'étain à la main, il se présentait aux assistants en imitant le geste d'un quêteur : puis, à chaque fois qu'on le lui remplissait de *porter*, il avalait la brune liqueur et paraissait la savourer. Ses attentions pour un chien qui faisait de fréquentes visites à sa cage, méritent d'être signalées. L'amitié du singe avait tous les caractères d'un patronage plein de dignité ; d'un autre côté le chien semblait recevoir avec plaisir les caresses du quadrumane. Cependant ce singe viveur succomba un beau jour à une attaque d'hydropisie, effet de ses copieuses libations.

Au cap de Bonne-Espérance ces babouins sont des animaux très-nuisibles ; ils agissent de concert, et lorsqu'ils attaquent un jardin, tout passe en fort peu de temps du jardin du propriétaire dans leurs montagnes rocailleuses. Ils ont beaucoup de précautions, placent des sentinelles dans toutes les directions, et au moindre cri d'alarme, tous de décamper ; mais ils ne sont pas gens à décamper les mains vides. Sont-ils en train, par exemple, de piller une couche de melons, ils se sauvent avec chacun un melon à la bouche, un autre à la main, un troisième sous le bras. Si la poursuite est vive, ils laissent tomber d'abord celui qu'ils ont sous le bras, puis celui qu'ils tiennent à la main, et enfin celui qu'ils emportent à leur bouche.

Au Cap les naturels prennent souvent les petits de ces animaux, qu'ils nourrissent de lait de chèvre et de brebis :

ils les accoutument ensuite à garder leurs maisons, ce dont
ils s'acquittent avec une certaine ponctualité.

Tous les singes dont nous venons de raconter l'histoire
appartiennent à l'ancien continent. Ceux du nouveau, ou
les singes d'Amérique, ont une physionomie propre, car
on les reconnaît d'abord à des particularités organiques fon-
damentales, quoiqu'ils se divisent en une infinité de petits
groupes distincts. Ce sont des singes de taille médiocre,
plus quadrupèdes, si l'on peut se servir de ce mot, que
les singes de l'ancien continent. Ils possèdent tous une queue
amplement développée et parfois convertie en cinquième
membre préhenseur. Doux, timides, peu robustes, la plupart des singes de l'Amérique sont dociles, faciles à plier
à la domesticité, mais moins intelligents que ceux de l'Asie
ou de l'Afrique. Ils se nourrissent ordinairement de fruits,
parfois d'insectes et de mollusques. Ils sont exclusivement
limités aux régions les plus chaudes du nouveau monde,
et selon certains voyageurs, quelques espèces auraient l'instinct de choisir dans les bois des végétaux pour panser leurs
blessures.

Les *alouates* ou *stentors* vivent en grandes troupes dans
les forêts, où leurs longs membres et leur queue leur permettent de trouver sur chaque branche des moyens de com-
munication aussi rapide que convenables à leur conformation.
Leur voix rauque et vibrante, qu'ils font entendre au lever
et au coucher du soleil, leur a valu le nom de singes
hurleurs ; la singularité de ces cris effraie les voyageurs
qui n'y sont pas accoutumés, et leur font croire qu'ils vont
être assaillis par une troupe de bêtes féroces ; et cependant,
pour produire tant de bruit, il suffit souvent d'un seul de
ces animaux.

Les Indiens les tuent pour s'en nourrir et pour vendre

leur fourrure; mais comme ces animaux en mourant s'accrochent aux branches par leur queue enroulante, il y en a beaucoup de perdus pour le chasseur. Lorsque l'un d'eux est blessé, tous s'assemblent autour de lui, sondent sa plaie avec les doigts, en retirent les grains de plomb, et s'ils voient couler beaucoup de sang, ils la tiennent fermée, pendant que d'autres vont chercher quelques feuilles qu'ils mâchent et poussent adroitement dans l'ouverture de la plaie.

Leurs peaux servent, au Brésil, à couvrir les chevaux et les mulets. A la Guyane, on les mange après les avoir fait cuire à la broche; mais leur aspect, analogue à celui d'un enfant qui serait écorché, fait que beaucoup de voyageurs répugnent à partager cette nourriture.

En captivité les stentors sont lourds, paresseux, farouches, rebelles à toute espèce d'éducation, et succombent au bout de peu de temps.

Les *atèles* sont généralement doux, craintifs, mélancoliques et paresseux; on les croirait toujours malades et souffrants; cependant, au besoin, ils savent déployer beaucoup d'agilité et franchissent par le saut d'assez grandes distances. Ils s'attachent facilement aux personnes qui en prennent soin et les traitent avec douceur. Une fois liés par l'affection, ils ne cherchent plus à changer de situation ni à s'enfuir. Aussi n'a-t-on pas besoin de les tenir enchaînés comme les autres singes. Dans leurs forêts ils vivent en grandes troupes et se prêtent un mutuel secours; ils n'ont pas l'habitude de voir des hommes, et s'ils en rencontrent un par hasard, ils sautent de branche en branche pour s'approcher de lui, le considèrent attentivement et l'agacent en lui jetant de petites branches. Si l'un d'eux est blessé d'un coup de fusil, tous fuient au plus haut des arbres en poussant des cris lamentables; le blessé seul porte ses doigts à sa plaie et regarde couler son sang; puis, quand il se sent près de mourir, il entortille sa queue autour d'une branche, et reste suspendu à l'arbre après sa mort.

Ils vivent sur les arbres : à terre leur démarche est pénible, embarrassée. Ils se nourrissent principalement de fruits, de racines et de végétaux ; ils mangent aussi quelques insectes, et vont même, à la marée basse, pêcher des huîtres, et en brisent les coquilles entre deux pierres.

Lorsque les atèles veulent traverser une petite rivière ou passer sans descendre à terre sur un arbre trop éloigné pour qu'ils puissent y arriver par un saut, ils forment une chaîne dont le premier anneau, qui est toujours la queue de l'un d'eux, est fixé à une branche d'arbre prolongée au-dessus des eaux. L'atèle qui forme le premier anneau saisit avec une de ses mains l'atèle qui forme le deuxième, celui-ci de même à l'égard d'un troisième, et ainsi de suite. La chaîne, quand le dernier anneau quitte le sol, est raccourcie par un plissement des membres que tous exécutent. Enfin, mise en mouvement et balancée sur son point d'attache, elle est lancée à propos vers un arbre de la rive opposée, où celui qui forme le dernier anneau s'accroche et soutient les autres à son tour.

La disproportion des parties chez les atèles, leurs membres effilés, l'excessive longueur de leur queue leur ont fait donner le nom de singes araignées par quelques voyageurs et par les naturels de certaines contrées.

Les *sapajous*, appelés aussi *singes musqués*, *singes pleureurs*, à cause des cris plaintifs qu'ils jettent quand on les tourmente si peu que ce soit, sont des animaux pleins d'adresse et d'intelligence. Ils sont très-vifs, très-remuants, et cependant très-doux, très-dociles et faciles à élever. On ne peut guère juger de l'intelligence de cet animal, parce

que les voyageurs n'en parlent pas, et que les exemples
que l'on cite proviennent d'animaux en partie apprivoisés;
cependant voici une observation qui a été faite sur une de
ces créatures qui n'avait reçu aucune espèce d'éducation.
Lui ayant donné un jour quelques noix, on le vit aussitôt
les briser à l'aide de ses dents, séparer avec adresse la partie
charnue et la manger. Parmi ces noix il s'en trouva une
beaucoup plus dure que toutes les autres; le singe, ne
pouvant parvenir à la briser avec ses dents, la frappa fortement et à plusieurs reprises contre une des traverses en
bois de sa cage. Ces tentatives restant aussi sans résultat,
on pensait qu'il allait jeter avec impatience la noix, lorsqu'on
le vit avec étonnement descendre vers un endroit de sa cage
où se trouvait une barre de fer, frapper la noix sur cette
barre et en briser enfin la coquille.

Les sapajous vivent en troupes sur les branches élevées
des arbres, et se nourrissent de fruits, d'insectes, de mollusques et quelquefois de viande.

Le *saïmiri*, dit Boitard, est un joli petit animal qui se
trouve au Brésil et à Cayenne. Comme nos écureuils, dont
il a la taille, l'œil éveillé et la vivacité, il habite constamment sur les arbres, et se nourrit de fruits, de graines, et
quelquefois d'insectes. Par la gentillesse de ses mouvements,
dit Buffon, par sa petite taille, par la couleur brillante de
sa robe, par la grandeur et le feu de ses yeux, par son
petit visage arrondi, le saïmiri a toujours eu la préférence
sur les autres sapajous, et c'est en effet le plus joli, le plus
mignon de tous. Mais il est aussi le plus délicat, le plus
difficile à transporter.

Sa physionomie prend tour à tour l'expression de calme,
de plaisir, de joie et de tristesse; il verse des larmes quand
il est contrarié ou effrayé; et toute sa personne respire
une grâce enfantine. Dans sa jeunesse il est extrêmement

attaché à sa mère et ne l'abandonne pas même après sa mort. Cette dernière à son tour voue à son enfant une vive affection et l'entoure des soins les plus minutieux. Quand il dort, son attitude est singulière : il est assis, ses pieds de derrière étendus en avant, les mains appuyées sur eux, le dos courbé en demi-cercle, sa tête placée entre ses jambes et touchant à terre. Soit qu'il veuille témoigner sa colère ou ses désirs, son cri consiste en un petit sifflement plus ou moins doux ou aigu, qu'il répète trois ou quatre fois de suite.

Comme tous ses mouvements sont empreints de gentillesse et de gracieuseté, on les cherche pour les élever dans les colonies, car ils vivent difficilement dans notre climat. Du reste, ce charmant animal paraît avoir plus de douceur que d'affection pour ses maîtres.

Les *nyctipithèques* sont des singes crépusculaires qui dorment pendant le jour, et dont le plus intéressant est le *douroucouli* ou *cara-rayada*.

Cet animal a un pelage d'un gris cendré en dessous, jaune, roux ou orangé en dessus. Les mains, les oreilles, le nez sont de couleur de chair ; le dessus des yeux est blanc, et trois lignes noires s'élèvent sur son front, l'une à partir du nez, les deux autres sur les côtés. Les yeux sont grands ronds et fauves.

Sur les bords de l'Orénoque on entend quelquefois, dit un célèbre naturaliste, pendant l'obscurité des nuits un cri terrible que l'on prend pour celui du jaguar et qui effraie le voyageur. Ce cri retentissant se rapproche et semble articuler les syllabes *muh-muh*. Tout à coup il lui succède une sorte de miaulement, *é-i-aou*, tout aussi sinistre. Le voyageur épouvanté porte la main à ses armes, croyant avoir affaire à un redoutable adversaire. Mais l'animal qui lui cause tant d'effroi est le *titi-tigre* ou *dou-*

roucouli nocturne, de la grosseur d'un petit lapin et moins dangereux qu'un écureuil, qui n'a aucune résistance à opposer à l'épagneul qui l'attaque ; car sa lenteur et sa maladresse ne lui permettent de se servir ni de ses dents ni de ses ongles pointus. Cependant il ne se rend pas sans avoir au moins essayé de faire peur à son ennemi : pour cela, il se hérisse, élève son dos en arc, comme fait un chat ; il enfle sa gorge, et pousse un cri beaucoup moins terrible mais tout aussi désagréable que le premier : *quer-quer*.

Cet animal triste et solitaire vit dans le fond des forêts les plus désertes ; il passe sa vie sur les arbres et ne descend à terre que dans de rares circonstances. Pendant toute la journée il dort ; le soir il se réveille et se met en chasse. Il va furetant d'arbre en arbre, de branche en branche pour saisir les petits oiseaux qui dorment sous le feuillage, ou prendre les mères couveuses sur leur nid. Dans son excursion, il mange aussi tous les insectes qu'il peut rencontrer ; si sa chasse est peu heureuse, il se rabat sur les fruits sauvages. Si par bonne fortune il rencontre des champs de bananiers, de cannes à sucre ou de palmiers, il ne manque pas de les piller ; mais le tort qu'il y fait n'est pas grand : une ou deux bananes peuvent fournir aux dépens de lui et de sa famille pour toute une journée.

Les *ouistitis* habitent les forêts de l'Amérique méridionale, et y vivent à la cime des arbres dans les branches les plus déliées, sur lesquelles ils grimpent pour se soustraire aux sapajous qui les tourmentent continuellement et ne peuvent les suivre dans ces hautes régions.

De tous les singes ce sont les plus petits ; ils sont remarquables par la vive coloration ou les nuances de leur pelage aussi bien que par leurs formes sveltes et gracieuses. Ils ont la taille et les mœurs de l'écureuil ; leur caractère est irascible, leur cri imite un sifflement aigu. Leur régime est autant porté vers les insectes que vers les fruits, bien qu'ils soient friands d'œufs d'oiseaux et de matières animales diverses. En captivité ils sont doux, faciles à apprivoiser, montrant un vif attachement pour la personne qui en prend soin.

L'*ouistiti* commun, qui est fréquemment amené en Europe, n'atteint pas la taille d'un écureuil, car il a tout au plus six pouces de long non compris la queue. Son pelage est d'un gris foncé jaunâtre; la tête, les côtés et le dessous du cou sont noirs ou d'un brun roux; il a une tache blanche au front, et l'oreille est entourée d'une touffe de poils raides et longs de couleur cendrée ou noire.

La voix de ce petit animal est particulièrement aigre et désagréable; elle consiste en une succession de sons âpres et perçants, qu'on a sans doute cherché à imiter dans le nom qui leur a été donné : *ouistiti*.

Un naturaliste distingué a fait des observations sur le degré d'intelligence de ce singe; il a vu qu'il reconnaissait les gravures, se jetait sur celles qui représentaient des insectes inoffensifs, tels que mouches, hannetons, saute-relles, dont il se nourrit volontiers, mais que quand le dessin offrait un chat ou un insecte venimeux, il reculait épouvanté. Cet animal a encore donné d'autres preuves de prévoyance. Un jour, il fut douloureusement affecté par le jus acide d'un grain de raisin qui lui sauta dans les yeux pendant qu'il en mangeait : il eut, depuis, constamment la précaution de fermer les yeux quand on lui donna de ce fruit, pour éviter pareil accident. On reconnut aussi qu'il se jetait avidemment sur les mouches qui pénétraient dans sa cage, et qu'un jour, une guêpe y étant entrée pour se placer sur un morceau de sucre, il se cacha tout effrayé dans un coin de sa cage, et cependant il n'avait jamais vu cet insecte.

Taquiné et irrité, ce singe prend une physionomie très-amusante : il ne lui manque alors que la parole pour représenter fidèlement une peinture de la colère.

Les Chauves-Souris

Un animal qui, comme la chauve-souris, est à demi quadrupède, à demi volatile, et qui n'est en tout ni l'un ni l'autre, est pour ainsi dire un être monstre. Ses pieds de devant ne sont ni des pieds ni des ailes, quoiqu'elle s'en serve pour voler et qu'elle puisse aussi s'en servir pour se traîner. Ce sont en effet des extrémités difformes dont les os sont monstrueusement allongés et réunis par une membrane qui n'est couverte ni de plumes ni même de poils comme le reste du corps. Cette membrane couvre les bras, forme les ailes ou les mains de l'animal, se réunit à la peau de son corps, enveloppe en même temps ses jambes et même sa queue qui par cette jonction bizarre devient pour ainsi dire l'un de ses doigts.

Telle est la description que Buffon a donnée de cet animal, qui était connu très-anciennement, mais qu'on ne savait où ranger. Les Hébreux le connaissaient, puisqu'il en est question dans plusieurs livres de l'Ecriture et que Moïse dans ses lois le met au rang des animaux impurs. Il est souvent représenté dans les écritures hiéroglyphiques des Egyptiens.

De tout temps, les savants, frappés par l'ambiguité des formes des ces animaux, ont varié sur leur classification, et depuis Aristote jusque il y a cent cinquante ans, on les plaça tantôt parmi les mammifères, tantôt parmi les oiseaux.

Mais depuis, des recherches plus sérieuses, leur structure anatomique, leur nature vivipare, leurs mamelles placées sur la poitrine, et leurs autres caractères, ont forcé de les classer parmi les mammifères et même parmi les quadrupèdes d'un ordre assez élevé. Toute leur organisation est disposée en vue du milieu dans lequel l'animal doit vivre. L'air est son élément, tout est admirablement conformé en vue de la puissance du vol.

Ainsi, chez ces animaux une membrane recouvre les bras, les avant-bras et les doigts excessivement allongés, et donne chez eux naissance à de véritables ailes plus étendues que celles des oiseaux.

Quant à la fonction que remplit la chauve-souris, elle est très-importante, car elle détruit chaque jour une quantité innombrable de petits insectes dont la reproduction énorme pourrait avoir des influences fâcheuses. Ce mammifère est allié pour ainsi dire à un oiseau chargé comme lui de la destruction des insectes. Cet oiseau c'est l'hirondelle, et si Dieu a donné à cette dernière mission de détruire les insectes du jour, il a donné à la première celle d'exterminer les insectes du crépuscule et du soir.

Les chauves-souris sont douées de sens merveilleusement développés. Leur audition est parfaite, leur vue des plus perspicaces, afin de pouvoir distinguer les objets même dans les lieux les plus obscurs; et cette délicatesse est telle, que la lumière solaire les éblouit et les aveugle. Leur odorat est très-subtil, et leurs narines offrent un grand nombre de replis afin de multiplier les points de contact avec l'air. Leur toucher jouit d'une grande finesse; et certains observateurs, entre autres Spallanzani, ont pensé qu'il remplaçait la vue dont ils niaient la perfection, et ont même voulu voir dans cette perfection un sixième sens analogue à celui du toucher et que l'on pourrait appeler *toucher à distance*. Voici l'expérience telle que l'a faite

Spallanzani et qui a été reproduite un grand nombre de fois.

Cet observateur prit des chauves-souris, leur arracha les yeux et les laissa aller dans une chambre ; en cet état, ces animaux volèrent dans l'appartement en évitant les obstacles et en ne se frappant jamais contre les murs. Il tendit même des cordes dans l'appartement, et elles évitèrent ces différents corps avec une extrême habileté. Enfin, quand la porte fut ouverte, elles s'échappèrent sans toucher aucun objet. C'est au toucher qu'il faut rapporter ce phénomène ; car la membrane qui leur sert d'aile est douée d'une sensibilité telle, que l'approche d'un corps étranger produit une certaine sensation à sa surface et annonce à l'animal la présence de ce corps.

Les chauves-souris se rencontrent sur toutes les régions du globe depuis les zones les plus froides jusque sous l'équateur ; dans les contrées chaudes elles acquièrent des proportions énormes, tandis que dans les pays froids elles sont de petite ou de moyenne grandeur.

Le vol de ces animaux est doux et s'effectue sans bruit. Leur pelage soyeux n'oppose aucune résistance à la couche d'air, et leurs membranes minces et souples s'étendent sans bruissement. Les moucherons, les insectes servent de nourriture aux unes ; les autres ne mangent que des fruits.

Elles résident en général dans les endroits obscurs et sombres, ordinairement dans des crevasses de rocher, des cavernes, des troncs d'arbres. Elles ne sortent que vers le soir et regagnent bientôt leurs retraites. Quelques-unes semblent passer leur vie dans les souterrains au milieu des plus épaisses ténèbres.

Parmi ces animaux, une espèce, le *nycteris,* possède une faculté assez extraordinaire : elle peut à volonté gonfler son corps avec de l'air, et se transformer pour ainsi dire en ballon. Lorsqu'elle est en cet état, elle n'a besoin que de faibles efforts pour se maintenir en l'air, et ses ailes semblent alors lui servir plutôt de rames pour la diriger que pour la soutenir.

Les chauves-souris peuvent s'apprivoiser, et on en cite un assez grand nombre d'exemples. Ainsi quelques-unes venaient prendre la nourriture dans la main, et ce qu'il y avait de plus remarquable, c'était l'adresse qu'elles avaient pour rejeter les ailes des mouches qu'on leur donnait.

Les chauves-souris ont beaucoup de soins de leurs petits, qui ont ordinairement les yeux fermés pendant une semaine; mais dès les premiers jours de leur existence ils sont capables de s'attacher fortement avec leurs ongles de derrière à la fourrure de leur mère ou à toute autre surface raboteuse. Quand'la mère s'élève dans les airs emportant son petit cramponné à son sein, celui-ci pend la tête en bas et offre l'aspect le plus bizarre.

Les chauves-souris, dans nos climats tempérés, s'engourdissent pendant la saison froide. A l'approche de l'hiver elles se préparent pour l'état d'inactivité et, pour ainsi dire, de suspension de la vie. Elles paraissent choisir de préférence un endroit où elles soient à l'abri de toute importunité et où elles puissent se loger commodément. A une période plus ou moins avancée de l'automne, elles prennent leurs quartiers d'hiver. Généralement elles se retirent par groupes dans les endroits qu'elles ont choisis sous les toits des maisons et des églises, dans les cavernes, dans le creux des arbres. Là elles s'attachent aux murs de leur retraite par leurs pieds de derrière, dont le pouce, très-court, est armé d'un ongle crochu. Elles pendent ainsi par grappes la tête en bas. Ce n'est pas le mur ni leurs ongles seuls qui servent à les maintenir dans cette position; mais elles se serrent les unes contre les autres si étroitement, qu'on se demande comment un nombre si considérable d'animaux peut occuper si peu de place. La vue de ces mortes-vivantes accrochées comme des loques de drap noir aux parois intérieures d'un rocher est un spectacle qu'on ne peut oublier; mais la plus curieuse de ces chauves-souris dans cet état d'engourdissement est encore la chauve-souris aux longues oreilles. Lorsqu'elle repose ainsi, ses longues oreilles rabattues sur ses bras, les ailes repliées autour de son corps, ses pieds de derrière enracinées au roc lui donnent la plus singulière apparence qu'on puisse imaginer.

Les animaux qui composent cette famille sont très-nombreux. Nous nous arrêterons sur deux espèces, dont l'une se nourrit de fruits, et l'autre vit du sang des animaux. La première, le *kalong*, est une créature énorme qui abonde dans l'île de Java. Les notions que l'on a sur le kalong ont été fournies par le docteur Horsfield.

Ces animaux vivent en société, choisissent un grand arbre pour s'y reposer pendant le jour et se suspendent aux branches par leurs extrémités postérieures. Ils se placent ordinairement sur une espèce de figuier dont les branches sont quelquefois couvertes par ces animaux. Ils passent la plus grande partie du jour à dormir, suspendus en l'air, immobiles, serrés les uns contre les autres. Une personne qui ne les connaîtrait pas les prendrait pour une partie de l'arbre lui-même ou pour des fruits d'un énorme volume. Ils gardent ordinairement pendant le jour un silence parfait; mais s'ils sont troublés par quelque ennemi, ils poussent des cris aigus. Aussitôt le soleil couché, ils lâchent la branche à laquelle ils étaient suspendus, et se dirigent instinctivement vers les forêts voisines, où ils dévorent toutes espèces de fruits. Ils se jettent même sur les plantations des indigènes et des Européens, et détruiraient toutes leurs récoltes, si on ne les préservait contre l'attaque de ces animaux par des filets ou des corbeilles tressées avec des lames de bambou. Dans le pays on leur fait la chasse dans un double but : pour en diminuer le nombre et par suite amoindrir leurs ravages, et pour servir à la nourriture de l'homme. Leur chair est estimée; mais pour les tuer il faut les tirer au vol; car si on les tue lorsqu'elles sont au repos et accrochées par leurs griffes à une branche, elles continuent à rester suspendues, même après leur mort.

L'autre espèce, qui vit du sang des animaux, est le *phillostoine-vampire*, grande espèce de chauve-souris qui habite l'Amérique, et qui présente une langue, longue, munie de huit tubercules à son extrémité, qui lui sert à faire une plaie pour sucer le sang des animaux.

Cet animal est de la grosseur d'une pie, et il a surtout une grande célébrité à cause de son avidité pour le sang qui le pousse à attaquer l'homme et les grands animaux. Ce furent eux qui épuisèrent et détruisirent les premiers troupeaux de bœufs et de moutons qu'on amena dans certaines contrées de l'Amérique. C'est surtout au cou et aux épaules qu'ils produisent leurs blessures, parce que c'est là qu'ils ont le plus de facilité à s'accrocher. Mais c'est moins la quantité de sang qu'ils boivent qui rend leurs morsures dangereuses, que celle qui s'écoule après leur départ. Les volailles en sont souvent victimes; ce sont leurs crêtes qu'ils attaquent, et elles meurent ensuite de la gangrène de ces parties.

Les Lions

Le désert est beau : c'est l'asile de la liberté la plus illimitée, la plus indomptée ; c'est la patrie du fort : chacun y fait sa part à la largeur de sa gueule, à l'énergie de sa griffe. L'homme n'y a pas encore apporté sa loi : il n'a pas mis l'intelligence en face de la force et de la ruse ; il n'a pas opposé la volonté à l'instinct, la perfectibilité à l'habitude. Là il lutte, triomphe quelquefois, mais ne règne pas. Les vents déchaînés dans ces vastes plaines n'ont pas encore appris à faire tourner nos machines, à faire mouvoir les meules de nos moulins ; ils se jouent à rouler des montagnes de sable, à briser les arbres qui se trouvent sur leur passage. Là les fleuves n'ont pas appris à faire marcher des roues ou à supporter le poids des navires ; leurs eaux indomptées débordent pendant une partie de la saison, et s'étendent dans les contrées voisines, ou bien, brûlés et desséchés par l'ardeur du soleil, ils sont réduits à un mince filet suffisant à peine à désaltérer quelques plantes qui se trouvent sur leurs bords. C'est dans ces climats déshérités de la nature que le lion et le tigre ont établi leur empire. Beaucoup de personnes ignorent que l'un et l'autre de ces deux animaux est un chat, et cependant les naturalistes n'hésitent pas à les ranger dans cette famille.

Le lion a la figure imposante, le regard assuré, la démarche fière, la voix terrible ; sa taille est si bien prise et si bien proportionnée, que son corps paraît être le modèle de la force jointe à l'agilité. Cette grande force musculaire se marque au dehors par les sauts et les bonds prodigieux

que le lion fait aisément; par le mouvement brusque de sa
queue, qui est assez fort pour terrasser un homme; par la
facilité avec laquelle il fait mouvoir la peau de sa face et
surtout celle de son front, ce qui ajoute beaucoup à sa
physionomie ou plutôt à l'impression de la fureur; et enfin
par la faculté qu'il a de remuer sa crinière, laquelle non-
seulement se hérisse, mais se meut et s'agite en tous sens
lorsqu'il est en colère.

Quoique ce roi des animaux ne se trouve que dans les
climats les plus chauds, il peut cependant subsister et vivre
assez longtemps dans les pays tempérés.

Dans ces animaux toutes les passions, même les plus
douces, sont excessives, et l'amour maternel est extrême.
La lionne, naturellement moins forte, moins courageuse
et plus tranquille que le lion, devient terrible dès qu'elle a
des petits; elle se jette indifféremment sur les hommes et
les animaux qu'elle rencontre, les met à mort, se charge de
sa proie, et la porte à ses lionceaux, auxquels elle apprend
de bonne heure à sucer le sang et à déchirer la chair.

Le lion est, après tout, dans l'état de nature, un animal
malheureux; car les nécessités économiques de son régime
alimentaire le portent à vivre seul : il se choisit un quartier
de destruction dont il fixe lui-même les limites et sur lequel
il règne. Si quelque autre lion vient sur son domaine, il
proteste, et il s'ensuit une bataille qui décide du droit de
propriété entre les deux rivaux.

La loi du besoin est si impérieuse pour ce roi des animaux, qu'il repousse ses petits de son antre aussitôt qu'ils
sont en état de pourvoir à leurs besoins.

Le rugissement du lion est si fort, que lorsqu'il se fait
entendre la nuit dans les montagnes, il ressemble au bruit
du tonnerre; il rugit cinq à six fois par jour, plus souvent
lorsqu'il doit tomber de la pluie.

La démarche ordinaire du lion est fière, grave et lente, quoique toujours oblique. Sa course ne se fait pas par des mouvements égaux, mais par sauts et par bonds. On a remarqué que lorsqu'il voit des hommes et des animaux ensemble, c'est toujours sur les animaux qu'il se jette, et jamais sur les hommes, à moins qu'ils ne le frappent, car alors il reconnaît celui qui l'a offensé, et il quitte sa proie pour se venger.

L'éléphant, le tigre, le rhinocéros et l'hippopotame sont les seuls animaux qui puissent lui résister.

Le lion se montre d'autant plus féroce qu'il habite des endroits plus solitaires et plus sauvages : le génie de la destruction semble alors s'inspirer chez lui de la tristesse du désert : en effet, cet animal est la personnification des climats brûlants et dévastés ; il fuit devant la civilisation, et il tend de plus en plus à disparaître de la surface du globe.

Le lion, le plus fort et le plus courageux des animaux, distingué par la majesté de son port et l'attitude élevée de sa tête, ne mérite pas la réputation de générosité qu'on lui a faite. Il n'attaque presque jamais sa proie à force ouverte, excepté quand la faim le pousse excessivement ; mais il l'attend caché dans le feuillage et se jette dessus inopinément. Souvent on le trouve en embuscade près des lieux que fréquentent les antilopes, et quand elles viennent à passer, en plusieurs bonds il fond dessus ; mais lorsque, après un petit nombre de ces énormes sauts dans lesquels il franchit jusqu'à trente pieds, il n'a pas atteint sa victime, il cesse de la poursuivre.

Sa force est considérable, et on dit qu'il traîne sans peine un bœuf à sa gueule et le transporte à de grandes distances en fuyant avec rapidité. La générosité du lion

est une chose proverbiale, et l'on prétend qu'il n'attaque
jamais l'homme à moins d'y être poussé par une faim
excessive : cela est vrai à l'égard des Européens, mais cesse
d'exister quand il s'agit des esclaves, et voici pourquoi :
les Européens sont vêtus, les esclaves en général ne le sont
pas et offrent à l'œil du lion de la chair à mâcher ; c'est
ce qui a fait dire que le lion préfère à toute chair celle du
Hottentot.

On dit que, dans sa générosité, le lion donne quelquefois
la vie aux animaux qu'on avait dévoués à la mort en les
lui jetant : le fait arrive quelquefois, et parmi ces exemples
nous allons en citer un remarquable.

Parmi les lionnes qui ont vécu à la ménagerie de Paris,
plusieurs ont souffert des chiens dans leur loge ; mais celle
qui a montré le plus d'affection pour son camarade de
pension, était une lionne prise fort jeune dans le Sahara,
et qui s'appelait Constantine. On jeta dans sa loge un petit
roquet noir et blanc, qui, tout effrayé, alla se cacher dans
un coin en tremblant de tous ses membres ; la lionne se
leva lentement, et râlant d'une voix sourde s'approcha du
pauvre animal, qui poussa un cri plaintif en la regardant
d'un air suppliant.

Ce regard plein de désespoir la toucha probablement,
car elle se recoucha tranquillement sans faire de mal au
petit chien. L'heure de la distribution arrivée, on jeta dans
la loge de Constantine la ration de viande pour son dîner.
Elle la mangea en en laissant une part pour son nouveau
compagnon, qui n'osa y toucher et se tint toujours
dans le coin noir où il s'était blotti. Le lendemain, fami-
liarisé avec son nouvel hôte, il mangea la portion que la
lionne lui laissa. Quelques jours après il mangeait avec elle,
et huit jours plus tard il se jetait sur le dîner et ne permettait à la lionne de prendre sa part que lorsqu'il avait

pris la sienne. Si Constantine s'approchait, le roquet
entrait en fureur, lui sautait à la figure et la mordait de
toute sa force. Quand l'automne fut venu avec ses journées
froides, le roquet jugea à propos de passer les nuits entre
les pattes de la lionne, qui s'y prêta de fort bonne grâce.
Un jour, dans un accès de fureur, le roquet se jeta sur
sa compagne, et lui mordit la queue avec tant de rage et
de méchanceté, qu'il parvint à la lui couper à moitié et à
l'estropier pour toute sa vie. Au bout de quelques années
le chien mourut, et la pauvre Constantine ne put jamais
s'en consoler. On lui donna plusieurs autres chiens qu'elle
étrangla. Enfin elle laissa la vie à l'un d'eux; mais jamais
elle ne lui montra ni affection ni complaisance, et elle
mourut bientôt après, consumée d'ennui, de tristesse et
peut-être de regrets.

Cet animal n'est cruel que dans les climats où l'espèce
humaine s'est déclarée son ennemie ; car, au sein du désert
il ne songe à faire aucun mal quand ses besoins sont satis-
faits. A l'aide de soins et de bons traitements, on parvient
à l'apprivoiser, et les exemples de lion vivant familière-
ment avec les hommes ne sont pas rares. Ainsi, dans l'Inde
on les dressait à la chasse; et Marc-Antoine traversait les
cités romaines sur un char traîné par ces animaux.

La chasse au lion tient une grande place dans les mœurs
et dans la vie de l'Afrique méridionale. Voici un aperçu
général d'une expédition faite contre cet animal.

Quand on reconnaît la présence d'un lion dans certains
parages, soit par les rugissements qu'il fait entendre, soit
par les pertes qu'il fait subir aux troupeaux, on fait savoir
dans les localités voisines que l'on va faire une entreprise
contre ce nouvel ennemi, et on invite les plus habiles
chasseurs à se rendre au rendez-vous. On se met alors
en marche en se serrant les uns contre les autres, chacun

étant suivi par un esclave à demi-habillé dont la fonction
est de remplacer le fusil des chasseurs quand celui qu'il
tient à la main est déchargé. Les esclaves se tiennent
derrière les chasseurs avec soin; car si le lion entrevoit
leur peau nue, il entre en fureur, et le malheureux qu'il
a aperçu devient souvent sa victime. On marche donc à la
recherche du lion, et on est bientôt averti de sa présence,
soit par les rugissements de l'animal, soit par les aboiements des chiens. Ces derniers entourent quelquefois le
lion de toutes parts en aboyant constamment après lui;
mais si quelques-uns ont le malheur de s'approcher trop
près, ils sont broyés instantanément d'un coup de patte
de l'animal. Quand les chasseurs sont à portée et que le
lion cesse de fuir, ils mettent genou en terre, visent l'animal préférablement à la tête ou au cœur, et ils tirent
ensemble. Quelquefois, lorsque le projectile a porté juste,
l'animal va tomber à quelques pas; mais ordinairement il
ne tombe pas à la première décharge : blessé, il pousse
des rugissements affreux, et va se placer dans un endroit
plus éloigné, où les chasseurs le poursuivent et finissent par
le tuer dans une nouvelle décharge. On a vu souvent le lion
blessé entrer en fureur, se précipiter sur un des chasseurs,
s'en saisir et l'entraîner avec lui. C'est alors que les autres
chasseurs vont au secours de leur camarade qu'ils peuvent
quelquefois arracher à la dent cruelle de l'animal qui le
tient sous sa griffe; mais hélas! le plus souvent le lion
dans sa fureur a mutilé le cadavre de son ennemi.

Les Tigres

Le tigre royal, dont le pelage est fauve avec des barres noires transversales, atteint les dimensions du lion; il vit sur les rivages des fleuves qui arrosent l'Inde; quand la faim le presse, il s'élance comme un trait sur sa proie; d'un coup de griffe il éventre un bœuf et l'emporte à sa gueule en fuyant. Son agilité et son audace sont telles qu'on l'a vu quelquefois enlever un cavalier de dessus son cheval au milieu d'un bataillon et entraîner sa victime dans les bois sans pouvoir être atteint.

Quelques poëtes et quelques savants ont voulu rabaisser le tigre aux dépens du lion, en faisant de ce dernier le roi des animaux, le symbole du courage et de la majesté, et du tigre, au contraire, le type de la férocité, de la poltronnerie et de la trahison.

Buffon, en faisant la comparaison de ces deux animaux, s'exprime ainsi :

« Dans la classe des animaux carnassiers, le lion est le premier, le tigre le second; à la fierté, au courage, à la force, le lion joint la noblesse, la clémence, la magnanimité, tandis que le tigre est bassement féroce, cruel sans justice, c'est-à-dire sans nécessité. Le lion souvent oublie qu'il est le plus fort de tous les animaux; marchant d'un pas tranquille, il n'attaque jamais l'homme, à moins qu'il ne soit provoqué; le tigre au contraire, quoique rassasié de chair, semble toujours être altéré de sang.

» Le lion a l'air noble; le tigre, trop long de corps, trop bas sur ses jambes, la tête nue, les yeux hagards, la langue couleur de sang toujours hors de la gueule, n'a que

les caractères de la basse méchanceté et de l'insatiable
cruauté, et n'a pour tout instinct qu'une rage constante,
une fureur aveugle qui ne connaît, qui ne distingue rien,
qui lui fait souvent dévorer ses propres enfants et déchirer
leur mère lorsqu'elle veut les défendre.

» Le tigre est peut-être le seul de tous les animaux dont
on ne puisse fléchir le naturel; ni la force, ni la cón-
trainte, ni la violence ne peuvent le dompter. Il s'irrite
des bons comme des mauvais traitements ; la douce habitude,
qui peut tout, ne peut rien sur cette nature de fer : le
temps, loin de l'amollir, en tempérant les humeurs féroces,
ne fait qu'aigrir le fiel de sa rage, il déchire la main qui
le nourrit comme celle qui le frappe; il rugit à la vue de
tout être vivant : chaque objet lui paraît une nouvelle proie
qu'il dévore d'avance de ses regards avides. »

Toutes ces descriptions sur les mœurs et le naturel de
cet animal se retracent dans beaucoup d'auteurs; mais
elles sont empreintes d'exagération. Quant à la cruauté,
le tigre n'est pas plus cruel que le lion; mais seulement, pour attendre sa proie il emploie plus de ruses,
pour l'attaquer beaucoup plus d'audace, et pour la vaincre
un courage qui ne cède qu'à la mort. Le lion annonce son
approche par des rugissements qui paralysent ses victimes ;
le tigre se glisse en silence et les surprend. Le lion se retire
s'il voit une résistance qu'il ne croit pas pouvoir vaincre;
le tigre combat et se fait tuer. Telles sont les uniques
différences qui constituent la cruauté de l'un et la générosité de l'autre.

Le tigre ne le cède pas au lion en beauté; sa riche
fourrure est plus remarquable que celle du lion. Son agilité
est surprenante : comme le chat, il bondit, et comme lui,
il montre dans ses mouvements une grande souplesse.

Comme le lion, le tigre est impitoyable quand il est

poussé par la faim ; et comme le lion, il est indifférent et paisible pour le gibier que le hasard lui amène, s'il a fait un bon repas.

Le lion, dit-on, est capable de reconnaissance, et l'on appuie cette opinion sur un certain nombre de faits ; le tigre, au contraire, a une férocité indomptable qui le rend incapable d'éprouver de l'attachement même pour la main qui le nourrit. Mais cette assertion est aussi hasardée que les autres : ainsi on trouve dans l'histoire qu'Auguste fut le premier qui montra un tigre au peuple romain, et Pline ajoute qu'il était apprivoisé. Héliogabale se montra dans Rome sur un char traîné par des tigres. Voilà donc ce tigre qui oublie sa férocité indomptable, non-seulement pour s'accoutumer à l'esclavage, mais encore à la domesticité : il l'oublie au point de se laisser atteler à un char et de parcourir Rome, au milieu d'une population nombreuse et turbulente.

Les Tartares les apprivoisaient aussi, et leurs empereurs s'en servaient à la chasse de la même manière que le chien.

Tout le monde connaît ces récits de tigres apprivoisés par les prêtres mendiants de l'Inde et par les fakirs de l'Indoustan. Enfin, dans les expositions d'animaux sauvages aux foires, on voit presque toujours des tigres apprivoisés, et leurs maîtres entrent fréquemment dans leurs cages et accomplissent toutes sortes d'exercices avec ces animaux que l'on dit si féroces. C'est ainsi qu'on les voit se faire lécher par cet animal ; ils lui ouvrent aussi la gueule et placent leurs bras entre ses terribles dents ; ils s'asseyent également sur leur dos, et rarement l'animal, quand il est bien apprivoisé, témoigne la moindre impatience ; quelquefois même ils semblent caresser avec plaisir la main de leur maître.

De même que le lion, le tigre repose indolemment dans

son antre jusqu'à ce que les sollicitations de son estomac l'engagent à sortir et à se procurer de la nourriture. Il choisit alors une embuscade favorable dans laquelle il puisse se coucher sans être vu.

Généralement il se place dans les taillis d'une forêt, mais quelquefois aussi sur les branches d'un arbre auquel il grimpe avec toute l'agilité d'un chat : il attend alors avec patience l'approche de sa proie ; si elle paraît, il fond sur elle d'un bond irrésistible. Ce bond du tigre est aussi merveilleux en étendue qu'il est terrible dans ses effets. La distance que l'animal parcourt ainsi en sautant est à peine croyable. Il emporte un homme aussi facilement qu'un chat emporte un rat. Le buffle indien lui-même n'est pas seulement terrassé, mais enlevé entre les énormes mâchoires de la bête féroce, qui rapporte toute pleine d'une joie sombre ce hideux trophée dans son antre.

L'homme a dû nécessairement chercher tous les moyens pour détruire un ennemi aussi redoutable que le tigre, et sa chasse tient dans la vie des seigneurs asiatiques la même place qu'occupe dans la vie des seigneurs africains la chasse du lion. Cette chasse se fait avec un grand appareil d'hommes, d'éléphants et de chiens. Lorsque l'on a connaissance qu'un tigre est dans les environs, on se met en marche et l'on va à sa poursuite pour tâcher de le traquer. Le sol est dans de grandes étendues recouvert de grandes herbes plus hautes qu'un homme. C'est dans cet endroit qu'on le poursuit, et on tâche de l'acculer dans une situation où il soit obligé de rompre l'incognito. Pour cela les chasseurs sont montés sur des éléphants : on s'avance en ordre les yeux fixés sur tout ce qui se présente et prêt à faire feu sur l'endroit où l'on voit les herbes s'agiter. Pendant ce temps les éléphants marchent lentement, leurs oreilles déployées, leurs trompes levées et leurs petits yeux fixés en avant; de temps en temps ils frappent du pied. Pendant cette marche les chasseurs tirent sur le tigre s'ils l'aperçoivent; et lorsque l'animal est blessé, ou qu'il est arrivé dans une situation où il ne peut plus fuir, commence la partie sérieuse de la chasse. L'animal blessé ou ne pouvant se sauver cherche à se venger : il attaque bravement ses ennemis et meurt en combattant.

Il n'est pas rare de voir un tigre bondir et enlever un homme jusque sur le dos d'un éléphant, ou terrasser ce dernier s'il peut saisir sa redoutable trompe et s'y cramponner opiniâtrement. Mais s'il ne saisit cet organe, l'éléphant est capable en se secouant de s'en débarrasser, et alors malheur au tigre; car l'éléphant s'agenouille sur l'animal féroce et l'écrase; ou d'un coup de pied lui rompt à moitié les côtes et l'envoie à plus de vingt pas.

Si dans l'état primitif le tigre est un des plus terribles fléaux auxquels l'homme et les animaux se trouvent exposés, il y a cependant moyen de l'apprivoiser, et il est susceptible d'attachement. Lorsqu'on s'est occupé de bonne heure de former son caractère, il se montre aussi flexible, aussi capable d'amélioration que les animaux de sa classe; comme le chat, auquel il ressemble beaucoup, il courbe son dos sous la main qui le caresse; il lèche sa fourrure et se lisse lui-même avec sa patte. Il file d'une manière douce et expressive lorsqu'il est de bonne humeur.

Les Chiens

Le chien est un des animaux le plus anciennement connus : son origine se perd dans la nuit des temps. On le fait provenir tantôt du chacal, tantôt du loup, tantôt du

renard et même de la hyène. « Le chien, dit Buffon, indépendamment de la beauté de sa forme, de la vivacité, de
la force, de la légèreté, a par excellence toutes les qualités
intérieures qui peuvent lui attirer les regards de l'homme.
Un naturel ardent, colère, même féroce et sanguinaire, rend
le chien sauvage redoutable à tous les animaux, et cède
dans le chien domestique aux sentiments les plus doux, au
plaisir de s'attacher et au désir de plaire. Il vient en rampant mettre aux pieds de son maître son courage, sa force,
ses talents; il attend ses ordres pour en faire usage, il le
consulte, il l'interroge; un coup d'œil suffit, il entend les
signes de sa volonté.

» Sans avoir comme l'homme la lumière de la pensée,
il a toute la chaleur du sentiment; il a, de plus que lui,
la fidélité, la constance dans ses affections : nulle ambition,
nul intérêt, nul désir de vengeance, nulle crainte que
celle de déplaire. Il est tout zèle, tout ardeur et tout
obéissance. Plus sensible au souvenir des bienfaits qu'à
celui des outrages, il ne se rebute pas par les mauvais
traitements; il les subit, il les oublie, ou ne s'en souvient
que pour s'attacher davantage. Loin de s'irriter ou de fuir,
il s'expose lui-même à de nouvelles épreuves; il lèche cette
main instrument de douleur qui vient de le frapper; il ne
lui oppose que la plainte, il la désarme enfin par la patience et la soumission.

» Plus docile que l'homme, plus souple qu'aucun des
animaux, non-seulement le chien s'instruit en peu de
temps, mais même il se conforme aux mouvements, aux
manières, à toutes les habitudes de ceux qui lui commandent. Il prend le ton de la maison qu'il habite, comme
les autres domestiques; il est dédaigneux chez les grands,
et rustre à la campagne. Toujours empressé pour son
maître et prévenant pour ses seuls amis, il ne fait aucune

attention aux gens indifférents, et se déclare contre ceux qui par état ne sont faits que pour importuner; il les connaît aux vêtements, à la voix, à leurs gestes, et les empêche d'approcher. Lorsqu'on lui a confié pendant la nuit la garde de la maison, il devient plus fier et quelquefois féroce; il veille, il fait la ronde; il sent de loin les étrangers, et pour peu qu'ils s'arrêtent et tentent de franchir les barrières, il s'élance, et par des aboiements réitérés, des efforts et des cris de colère, il donne l'alarme, avertit et combat.

» Pour défendre son maître, le chien ne connaît ni crainte ni danger, et fût-il sûr de périr dans la lutte, il s'élance avec intrépidité, attaque avec fureur, et ne cesse de combattre de toutes ses forces, de tout son courage, qu'en cessant de vivre. Il le défend contre les animaux féroces dix fois plus forts que lui, contre les brigands qui menacent ses jours, et il vit pour le venger, s'il n'a pu le dérober aux meurtriers; il veille sur lui s'il est blessé, et ne le quitte que pour aller chercher du secours; il le sauve des flots où il allait se noyer; il le réchauffe de son haleine, de son corps, après s'être volontairement enfoncé après lui dans les abîmes de neige. Enfin il oublie l'instinct de sa propre conservation pour ne penser qu'à la conservation de celui qu'il aime. »

Pour faire l'histoire du chien, examinons cet animal dans différents degrés de civilisation.

D'abord le chien se trouve dans quelques pays à l'état sauvage : tels sont le *dhôle* dans l'Inde, et le *dingo* en Australie.

« Le dhôle, dit Franklin, vit à l'état sauvage sur la frontière ouest du Bengale, dans d'immenses jungles dont l'aspect sombre et lugubre correspond au caractère de ces animaux. La finesse de leur odorat, la rapidité de leur

course, leur sauvage bravoure, les rendent un objet de
terreur pour les plus formidables habitants du désert.
L'élan, la panthère, le buffle, l'éléphant, le tigre royal
même, tombent sous leurs attaques. Seul le dhôle ne pourrait se mesurer avec de si redoutables ennemis ; mais ces
chiens sauvages se réunissent par bandes de dix à quarante,
selon l'importance de la proie, et se précipitent avec la
force de l'avalanche sur leur victime. L'animal poursuivi
par eux, abat sans doute beaucoup de ses agresseurs ; mais
il a beau faire preuve de courage et d'héroïque résistance,
il finit par succomber sous le nombre. On estime que c'est
entre eux et le tigre un combat à mort ; et il est vraisem-
blable que si l'une des deux espèces se trouve détruite dans
ces solitudes, ce ne sera pas celle du dhôle. Ces derniers
balayent en effet le désert non par leur force personnelle,
mais par la force de l'association. Le seul animal qui
paraisse jusqu'ici leur avoir résisté, c'est le terrible rhinocéros, et encore se montre-t-il en petit nombre sur la
rivière du Gange occupée par les chiens sauvages. Cet animal
n'attaque pas l'homme, sa vue ne lui inspire ni appréhension
ni colère ; mais attaqué par lui il se défend avec une fureur
et un courage implacables. »

Le chien se trouve dans tous les climats, depuis la zône
torride jusqu'au cercle polaire. Dans les pays chauds et
tempérés, il est souvent un animal de luxe ; mais dans les
pays froids, et dans les climats disgraciés de la nature, on
l'emploie comme une bête de trait : tel est le chien des
Esquimaux.

Les chiens des Esquimaux sont peut-être les chiens les
plus malheureux de leur espèce : toujours soumis à de rudes
travaux, ils ne reçoivent pendant la plus grande partie de
l'année, que la plus maigre pitance, et ils sont traités avec
fort peu de douceur par leurs maîtres, auxquels leurs ser-

vices sont cependant de la plus grande importance. Leur caractère se ressent de ces mauvais traitements ; ils sont grands voleurs, et on ne parvient jamais, à quelque correction qu'on les soumette, à leur faire perdre l'habitude de s'emparer de tous les aliments qu'ils trouvent à leur portée. Ils sont querelleurs entre eux, grondeurs envers les hommes, et toujours prêts à montrer les dents. Cependants les femmes qui les traitent toujours avec plus de douceur, qui prennent soin d'eux pendant qu'ils sont petits ou lorsqu'ils sont malades, s'en font mieux obéir.

C'est seulement à l'aide de leurs chiens que les Esquimaux peuvent tirer parti, pour leur subsistance, des faibles ressources que présente le triste pays qu'ils habitent. Pendant la courte durée de l'été, ils chassent le renne sauvage, dont la chair leur sert de nourriture, et dont la peau fournit la meilleure partie de leur habillement. Dans l'hiver, lorsque la faim, les tirant de leurs misérables huttes, les oblige d'aller en quête de nouvelles provisions, ils poursuivent le veau marin dans les retraites que cet animal se ménage sous la glace, ou attaquent l'ours qui rode le long des côtes. Or toutes ces ressources leur seraient interdites sans le courage et la sagacité de leurs chiens. En effet ces animaux aperçoivent à un demi-quart de lieue le trou d'un veau marin, et sentent l'odeur d'un ours ou d'un renne à une distance presque aussi grande.

Lorsqu'on forme un attelage, le point le plus important est de choisir un bon chef de file. Ce que l'on cherche pour remplir ces conditions, c'est que le chien soit intelligent et qu'il ait un bon nez. Quand à ces deux qualités l'animal joint une grande force, il est sans prix.

L'atelage se compose de huit, dix ou douze chiens ; en tête se trouve le chef de file, puis les autres chiens, disposés d'après le même principe : c'est-à-dire qu'ils sont d'autant plus en avant qu'ils ont plus d'intelligence et meilleur nez. Le plus inhabile se trouve à dix pieds seulement de l'extrémité extérieure du traineau ; le chef de file en est à vingt pieds.

Le conducteur est assis à l'avant du traîneau, ses pieds touchant presque à la neige ; il porte à la main un fouet long de vingt pieds. Ce n'est que par un long exercice que les Esquimaux apprennent à se servir d'un tel fouet : du reste en conduisant leurs traîneaux ils évitent autant que possible d'en faire usage ; car l'effet immédiat est presque toujours défavorable, et loin d'accélérer la marche ne fait que la retarder. Le chien qui a reçu un coup de fouet se jette sur celui qui est le plus près de lui et le mord ; celui-ci en fait autant à un troisième, dans un moment le désordre est dans tout l'atelage. Souvent même après que le calme est rétabli les harnais sont mêlés, et on perd beaucoup de temps pour remettre tout en ordre ; pour leur faire hâter le pas, les faire aller à droite ou à gauche, il suffit ordinairement de la voix ; quand le traîneau suit une route fréquentée, le conducteur n'a aucune peine à prendre, et le chef de file suit les traces lors même qu'elles sont à peine visibles pour l'œil de l'homme. Dans la nuit la plus noire il sait également se conduire, et conservant le nez sur la piste, il dirige le reste de l'atelage avec la plus étonnante sagacité même dans les tempêtes les plus violentes, et lorsque la neige a recouvert le chemin, il est très-rare qu'il s'égare.

Ces chiens, de la taille des chiens de bergers, sont plus fortement charpentés et couverts d'un poil plus épais. En été, ils ne sont pas attelés aux traîneaux, mais servent de bêtes de somme et suivent leur maître à la chasse en portant sur le dos un poids de vingt à trente livres. Si dans cette saison ils ont beaucoup de fatigues, ils sont assez bien nourris, et peuvent se gorger de débris de baleines, de morses, de veaux marins. En hiver, au contraire, où la faim est plus vive, il n'ont presque rien à manger et sont réduits à se remplir l'estomac des choses les plus sales et les moins propres à servir d'aliments.

Le chien de Terre-Neuve est un ami grave, fier, dévoué, sans démonstration de tendresse exagérée, sans turbulence, sans inégalité d'humeur. Si vous êtes au logis, il s'étend silencieux à vos pieds, attache ses regards sur les vôtres, et attend qu'un signe de la paupière, qu'un mouvement des lèvres lui dise *Va*. Hors du logis, il suit à pas lents son maître, dont il ne s'éloigne jamais pour aller vagabonder avec les autres chiens. On serait tenté de l'accuser de paresse ou d'indolence. Mais vienne l'heure du péril, et vous le verrez. Fait-on mine d'attaquer la personne qu'il accompagne, aussitôt son poil lisse et fourré se hérisse et devient rude, ses oreilles se dressent, son œil brille, se dents grincent, et déjà l'agresseur saisi à la gorge tombe et demande grâce.

Outre un grand nombre d'exemples qui prouvent l'intelligence de cet animal et son attachement à son maître, nous citerons les deux suivants.

Le *Durham*, paquebot de Sunderland, avait fait naufrage sur les côtes de la province de Norfolk, près Clay. L'équipage ne pouvait être sauvé qu'en établissant une amarre entre le bâtiment et la terre; mais la côte était beaucoup trop éloignée pour qu'on pût y lancer un cordage, et la tempête trop violente pour qu'aucun matelot osât rendre à ses compagnons d'infortune le périlleux service de porter ce cordage à terre. Heureusement pour ces naufragés, il y avait à bord un chien de Terre-Neuve, ce fut à cet animal que l'on confia l'aventureuse mission. On lui mit dans la gueule le bout de la corde de sauvetage, et il s'élança au milieu de l'épouvantable fracas des lames qui se brisaient l'une contre l'autre. Il avait déjà fait une grande partie du trajet lorsque ses forces commencèrent à l'abandonner sans que pourtant il lâchât le bout du cordage. Deux marins intrépides, qui se trouvaient alors sur la côte, avaient admiré les persévérants efforts de ce chien; ils virent sa détresse et ne balancèrent pas à s'exposer eux-mêmes pour le secourir. Ils l'atteignirent en effet au moment où il allait succomber, prirent la corde qui était entre ses dents, l'aidèrent à gagner le rivage, et alors on put sauver les neuf personnes qui, durant toute cette manœuvre, avaient désespéré de leur vie. Sans l'intelligence du chien, l'équipage eût péri.

Un jeune mousse anglais s'était embarqué sur un navire, et n'ayant pu obtenir du capitaine la permission d'emmener avec lui un magnifique chien de Terre-Neuve, il se sépara, non sans larmes, du noble animal, qui resta quelque temps inquiet et immobile sur la rive du port, et comme s'il eût douté du départ de son jeune maître. Mais, quand la voile se fut déployée et que le bâtiment eut glissé rapidement sur l'onde, le chien se jeta à la mer, joignit le navire, et se mit à le suivre à la nage durant l'espace de plusieurs milles. Ni tant de dévouement, ni les prières du mousse, ni l'admiration de l'équipage ne purent faire admettre le chien sur le vaisseau; le capitaine permit seulement qu'on lui jetât quelques morceaux de biscuit. Cela dura trois jours; après quoi, le pauvre an'mal, vaincu par la fatigue, se laissa aller sur les flots comme un cadavre.

Le capitaine par une tardive pitié permit qu'on repêchât le chien. Longtemps malade, le noble animal, grâce aux soins de son jeune maître, arriva d'abord peu à peu à la convalescence, puis enfin à une complète guérison.

Presque au terme de la traversée, le navire sombra, et

tout l'équipage périt, hors le jeune mousse, que son chien apporta dans le port après un long et périlleux trajet. Quand il l'eut mis en sûreté, il posa une de ses pattes sur lui et aboya de toutes ses forces jusqu'à ce qu'on vînt apporter du secours à son maître. Tant que le jeune mousse resta sans connaissance, le chien surveilla d'un air inquiet et avec défiance les mouvements des pêcheurs qui soignaient le noyé ; mais une fois des signes de vie obtenus, il vint lécher joyeusement les mains de ces bonnes gens, et puis il se coucha aux pieds de son maître, qu'il se mit à regarder avec tendresse.

Les Loups

Le loup est un de ces animaux dont l'appétit pour la chair est le plus véhément ; et quoiqu'avec ce goût, il ait reçu de la nature les moyens de le satisfaire, qu'elle lui ait donné des armes, de la ruse, de l'agilité, de la force, tout ce qui est nécessaire, en un mot, pour trouver, attaquer, vaincre, saisir et dévorer sa proie, cependant il meurt souvent de faim, parce que l'homme lui a déclaré la guerre.

Un des traits qui caractérisent la physionomie du loup, et qui le distinguent de celle du chien, avec lequel il a d'ailleurs beaucoup de ressemblance, c'est la position des yeux. Chez le loup l'œil est placé obliquement et dans la direction du nez ; tandis que chez le chien l'œil s'ouvre plus à angles droits comme chez l'homme. « Le loup, dit Buffon, tant à l'extérieur qu'à l'intérieur ressemble si fort au chien, qu'il paraît être modelé sur la même forme ; cependant il n'offre tout au plus que le revers de l'em-

preinte et ne présente les mêmes caractères que sous une
face entièrement opposée : si la forme est semblable, le
naturel est si différent, que non-seulement ils sont incom-
patibles, mais antipathiques par nature, ennemis par
instinct. »

Buffon a beaucoup exagéré la férocité du loup; si cet
animal se montre parfois cruel, c'est moins une suite de
son caractère que des mauvais traitements que l'homme lui
fait subir et de l'état désespéré dans lequel il l'a placé.
En réalité il n'y a pas d'animal, du moins parmi les grands
carnivores, qui ne puisse être apprivoisé par de bons traitements et qui ne devienne capable d'un certain degré
d'affection pour ceux qui prennent soin de le nourrir. Le
séjour du loup parmi nous change bien vite son naturel, et
il paraît même qu'anciennement les Indiens l'avaient asservi
à la domesticité. Frédéric Cuvier a fait connaître un grand
nombre de cas dans lesquels des loups ont donné des exemples
d'un attachement aussi grand, aussi réfléchi et aussi per-
sévérant que celui que nous offrent les chiens. Il y a eu,
à la ménagerie du jardin du roi, de ces animaux si privés,
si dociles, qu'on les eût volontiers laissés libres dans les
cours, si on n'avait pas craint d'effrayer le public.

Parmi un grand nombre d'exemples où des loups ont
été apprivoisés et ont montré un véritable attachement pour
leur maître, nous rapportons le suivant, cité par plusieurs
naturalistes.

Un loup avait été élevé comme un jeune chien; il devint
parfaitement familier avec toutes les personnes qu'il était
dans l'habitude de voir; il suivait partout son maître, paraissait souffrir beaucoup de son absence, obéissait à sa
voix, montrait invariablement la plus entière soumission,
et par le fait ne différait en rien du plus doux des animaux
domestiques. Son maître, étant obligé de voyager, fit cadeau

de ce loup à la ménagerie du Jardin des plantes à **Paris**.
Là, enfermé dans son compartiment, l'animal demeura
plusieurs semaines sans montrer la moindre gaieté et
presque sans prendre de nourriture. Il se remit pourtant
par degrés et s'attacha à ses nouveaux gardiens.

Le loup semblait avoir oublié ses anciennes affections,
lorsque son maître revint après une absence de dix-huit
mois. A la première parole qu'il prononça, l'animal, qui
n'avait pu le voir dans la foule, le reconnut sur-le-champ,
et témoigna aussitôt sa joie par ses mouvements et ses cris.
Mis en liberté, il accabla de caresses son ancien ami, absolument comme l'eût pu faire un chien très-attaché
après une séparation de quelques jours. Malheureusement
le maître fut obligé de le quitter une seconde fois, et cette
seconde absence fut encore pour le pauvre loup la cause
de la plus profonde tristesse. Trois ans s'écoulèrent, et le
loup vivait en très-bons termes avec un jeune chien qui
lui avait été donné pour compagnon. Le maître revint de
nouveau. Du moment où le loup l'entendit, il le reconnut; il lui répondit par des cris qui indiquaient le plus
ardent désir de se précipiter à sa rencontre. Lorsque l'obstacle qui les séparait fut levé, l'animal posa ses deux pattes
de devant sur les épaules de son ami, lui lécha le
visage, et menaça avec les dents, quand ils voulaient approcher, ses gardiens auxquels un instant auparavant il
témoignait encore la plus tendre affection. A un accès de
joie si violent succéda, comme on peut s'y attendre, la
plus cruelle consternation pour le pauvre animal, la
séparation étant encore une fois nécessaire. Depuis ce
moment le loup devint triste et inébranlable dans sa
douleur. Il refusa toute subsistance; son poil se hérissa
comme celui de tous les animaux quand ils sont malades,
et au bout de huit jours il n'était plus reconnaissable. Il y

avait toutes raisons de craindre qu'il ne mourût. Sa santé pourtant se rétablit ; il reprit ses brillantes couleurs. Ses gardiens purent de nouveau s'approcher de lui : mais il ne voulait souffrir les caresses d'aucune autre personne et ne répondait aux étrangers que par des menaces.

Les loups à l'état sauvage font, dans quelques pays, de très-grands ravages. Ainsi, à Agra, ils détruisent toujours, dit-on, un grand nombre d'enfants ; mais ces malheurs sont dus à la superstition des habitants des campagnes, qui les empêche d'exterminer ces animaux, parce qu'ils s'imaginent que les mânes des individus dévorés par eux poursuivraient ceux qui les auraient tués : aussi, quand ils se saisissent de loups vivants, ils se contentent de leur attacher des sonnettes au cou par mesure de précaution. Autrefois même le loup recevait les honneurs d'un culte chez les Lycopolytains. Dans l'Inde même on le regarde, en certains pays, comme un animal sacré.

Lorsque les louves sont prêtes à mettre bas, elles cherchent au fond des bois un endroit bien fourré, au milieu duquel elles aplanissent un espace assez considérable en coupant, en arrachant les épines avec les dents ; elles y apportent ensuite une grande quantité de mousse et préparent un lit commode pour leurs petits ; elles en font ordinairement cinq ou six. Ils naissent les yeux fermés comme les chiens ; la mère les allaite pendant quelques semaines, et leur apprend bientôt à manger de la chair qu'elle leur prépare en la mâchant. Quelque temps après, elle leur apporte des perdrix, des levreaux, des volailles vivantes ; les louveteaux commencent par jouer avec et finissent par les étrangler. La louve ensuite les déplume, les écorche, les déchire et en donne une part à chacun. Ils ne sortent du lieu de leur naissance qu'au bout de six semaines à deux mois ; ils suivent alors leur mère, qui les

mène boire dans quelque tronc d'arbre ou à quelque mare
voisine ; elle les ramène au gîte, et les oblige à se recéler
ailleurs lorsqu'elle craint quelque danger. Ils la suivent
ainsi pendant plusieurs mois. Quand on les attaque, elle
les défend de toutes ses forces et même avec fureur : aussi
ne l'abandonnent-ils que quand leur éducation est faite,
quand ils se sentent assez forts pour n'avoir plus besoin de
secours ; c'est ordinairement à dix mois ou un an, lorsqu'ils
ont acquis de la force, des armes et des talents pour la
rapine.

Il est un point assez curieux à propos des mœurs de cet
animal : c'est que les traditions de tous les peuples anciens
reconnaissent que des louves ont servi de nourrices à des
enfants. Tout le monde connaît l'histoire de Romulus et de
Remus ; mais sans nous perdre ainsi dans la nuit des temps,
nous voyons ce fait arriver de temps en temps dans l'Inde,
et nous ne pouvons résister au désir de relater le fait
suivant, qui est rapporté par Franklin.

Un cavalier, passant le long du bord d'une rivière, près
de Chandom, vit une grande louve sortir de sa tanière ; elle
était suivie par trois louvetaux et par un petit enfant. L'enfant marchait à quatre pattes et semblait vivre dans les
meilleurs termes avec ses farouches compagnons. De son
côté, la mère le protégeait avec autant de soin que s'il eût
été vraiment un de ses petits. Ils descendirent tous vers
la rivière et burent sans faire attention au cavalier ; au
moment où ils regagnaient leur gîte, l'homme chercha
à leur couper la retraite. Mais le terrain était inégal, et
le cheval ne put les atteindre. Toute la famille, y compris l'enfant, rentra dans l'antre. Le cavalier rassembla
alors quelques jeunes gens de Chandom et se remit en
selle. Les chasseurs poursuivirent la mère, les petits, et
l'enfant qui courait aussi vite que les louveteaux. De toute

cette famille ils ne prirent que l'enfant et laissèrent le reste
s'échapper. Cet enfant paraissait avoir neuf ou dix ans; il
montrait les habitudes et les manières d'un animal sauvage.
Sur le chemin de Chandom, il chercha, de toutes ses
forces, à se jeter dans les trous ou les tanières devant
lesquelles il passait. La vue d'une personne adulte l'alar-
mait, et il cherchait alors à s'esquiver. Ayant été mis en
présence d'un autre enfant, il courut vers lui avec un
féroce grognement comme un chien et essaya de le mordre.
Il ne voulait pas manger de viande cuite; mais il saisissait
avidement la chair crue, la posait à terre sous ses mains
et la dévorait avec un plaisir évident. Il grognait avec colère
si quelqu'un s'approchait de lui pendant qu'il était en train
de manger; mais il ne faisait aucune objection à ce qu'un
chien vînt et partageât sa nourriture.

Il vécut trois ans, et on ne put jamais le décider à garder
sur lui aucun vêtement, même dans les temps froids.
Lorsque la nourriture était placée à quelque distance de
lui, il y courait à quatre pattes comme un loup. Il fuyait
toujours les êtres humains et ne demeurait jamais volontiers près d'eux. Au contraire, il paraissait aimer la société
des chiens, des chacals et des autres animaux; il les laissait
aussitôt manger avec lui. On ne le vit jamais rire ni même
sourire. On ne l'entendit jamais parler, si ce n'est quelques
minutes avant sa mort. Portant alors ses mains à la tête,
il dit : « J'ai mal! » Puis il demanda de l'eau, qu'il but
à longs traits, et il mourut.

Les Hyènes

La hyène a les pieds de derrière plus courts que ceux de devant, une langue rude, une figure ignoble et repoussante ; son pelage est d'un gris jaunâtre ; rayé transversalement de brun sur les flancs et sur les pattes ; son museau et sa gorge sont noirs, ainsi qu'une longue crinière qu'elle a sur le dos ; ses oreilles sont longues et coniques. Elle habite dans les cavernes. Sa vie nocturne, son habitude de déterrer les morts en ont fait pour l'homme un objet d'aversion.

Les hyènes ont singulièrement prêté à la superstition et ont été le sujet de contes plus merveilleux les uns que les autres ; mais avec le temps ces différentes erreurs ont fait place à la vérité, et leur histoire est aujourd'hui très-bien connue.

Les hyènes sont en effet des animaux très-farouches et d'une voracité dégoûtante, mais d'une lâcheté et d'une poltronnerie plus grandes encore. Loin de résister au lion et à la panthère, ainsi qu'on l'a cru pendant longtemps, elles se sauvent devant des animaux de la grosseur du renard. Elles se tiennent toujours à l'écart, sortent rarement pendant la journée, et attendent la nuit pour quitter leurs repaires. Quelquefois, pendant la nuit, elles s'approchent des habitations, mais ce n'est pas pour inquiéter l'homme, c'est pour se nourrir des immondices qu'elles y cherchent. Si, poussées par la faim, elles attaquent quelquefois une pièce de bétail, c'est toujours un faible agneau ou quelque animal malade qui ne peut opposer qu'une faible résistance. Si elles sont surprises dans ce méfait, elles se sauvent ou se laissent assommer par des enfants à coups de bâton, sans chercher à se défendre.

En Barbarie on voit parfois des Maures saisir en plein jour des hyènes par les deux oreilles et les tirer à eux sans qu'elles fassent d'autres efforts que de chercher à se dégager.

Les hyènes ne vivent que de cadavres de voirie, et c'est à ce goût prononcé pour la chair corrompue, beaucoup plus qu'à leur prétendue férocité, qu'il faut attribuer l'habitude qu'elles ont de déterrer les cadavres quand elles parviennent à entrer dans les cimetières mal clos des musulmans; et encore ce fait est nié par quelques voyageurs, qui prétendent qu'après beaucoup de recherches ils n'ont pu en avoir une seule preuve authentique.

Telle qu'elle est, la hyène a pourtant son importance dans la création, et elle rend d'éminents services : elle est en quelque sorte propice, dans les pays chauds, à la salubrité générale, et remplit, dans le désert et à la porte des villes barbares, la charge que certains fonctionnaires publics exercent dans les villes civilisées. Cette fonction, qu'elle exerce en satisfaisant son goût, consiste à faire disparaître les immondices et les débris de cadavres qui se trouvent dans les environs, et qui, sous un soleil brûlant, se décomposent avec une rapidité incroyable, occasionnent des pestes et d'autres maladies. Pourvue d'une force de mâchoire extraordinaire et de dents puissantes, elle termine quelquefois le repas des vautours et d'autres animaux carnassiers en faisant disparaître le reste des restes.

Les hyènes ont une grande force dans le cou et une grande puissance dans les mâchoires, ce qui fait qu'elles peuvent emporter dans leur gueule, et sans la traîner, une proie d'une pesanteur considérable, et que quand elles tiennent un corps entre leurs dents, il est impossible de le leur arracher. Les anciens avaient déjà fait cette remarque, et, à cause de cette résistance, ils regardaient ces animaux comme le symbole de l'opiniâtreté.

Dans le sud de l'Afrique, après une bataille, on ne se donne pas la peine d'enterrer les morts : les oiseaux et les bêtes de proie se chargent de cette besogne; les os eux-mêmes trouvent une sépulture dans l'estomac vorace de la hyène.

Dans certains pays, on n'enterre pas les cadavres, surtout quand ce sont de pauvres gens; on se borne à les porter dans la campagne; quelquefois même on les laisse dans la rue, et pendant la nuit suivante, les hyènes se chargent de leur donner la sépulture. Certaines villes mêmes sont, pendant la nuit, tellement remplies de ces animaux, qu'on n'ose sortir qu'armé. Lorsque la faim les pousse, les hyènes pénètrent jusque dans les maisons et dans les enclos, afin de prendre des animaux pour leur nourriture, et surtout des ânes dont elles sont très-friandes.

Quoique se nourrissant particulièrement de charogne, la hyène, en l'absence de toute matière animale, mange même les racines de plantes et les jeunes pousses des palmiers. On assure que dans la saison où les habitants dorment en plein air, la hyène vole quelquefois des enfants à côté de leurs parents.

Les fermiers regardent comme une affaire d'importance la destruction de ce carnassier; mais les piéges les plus ingénieux échouent ordinairement devant la sagacité et la surprenante habileté de la hyène. Durant ses courses nocturnes, elle examine minutieusement chaque objet, et si elle a quelque raison de croire qu'un danger y est caché, elle tourne le dos et continue son chemin dans une autre direction.

La terreur qui s'attache à la violation des sépultures a sans doute contribué plus que tout le reste à rendre la hyène un objet d'effroi et de dégoût. La hyène a même été calomniée par les naturalistes, qui n'ont pas craint d'avancer que cet animal était cruel, vindicatif, incapable d'apprivoisement, et qu'on n'avait jamais vu sa férocité s'adoucir par la main de l'homme. Toutes ces accusations sont injustes ; car il est prouvé aujourd'hui que l'on apprivoise facilement les hyènes ; on les préfère même, dans certains pays, aux chiens de chasse, et on les regarde comme réunissant leur fidélité et leur intelligence. Cela se rencontre surtout dans les environs du cap de Bonne-Espérance, et il n'est pas rare de rencontrer dans cette ville des personnes accompagnées d'hyènes apprivoisées : on en trouve quelquefois qui sont mêlées à des meutes de chiens et vivent paisiblement au milieu d'eux.

Une foule de faits vient encore attester la docilité des hyènes. Une de celles qui ont vécu au Jardin des plantes, en débarquant en France, à Lorient, s'échappa des mains des marins. On crut qu'elle allait causer de grand dégâts ; il n'en fut cependant rien. Après quelques recherches on la trouva timidement blottie dans la cabane d'un paysan, d'où elle se laissa extraire avec la plus grande docilité.

Il y a quelques années, en Angleterre, il y avait une hyène si parfaitement privée, qu'on lui permettait de se promener librement dans une salle où le public était admis. Quelque temps après, elle fut vendue à une personne qui l'emmenait promener dans la campagne et la conduisait au moyen d'un simple cordon passé autour du cou. Devenue la propriété d'un exhibiteur forain, cette hyène si douce perdit complétement son peu de liberté et fut constamment retenue en cage. A partir de ce moment, sa férocité devint inquiétante, elle ne souffrait plus qu'un étranger approchât d'elle. C'est un exemple entre mille de l'influence que les mauvais traitements exercent sur le caractère des bêtes.

Les Ours

Une des merveilles de la création, c'est de voir la parfaite harmonie qui existe entre tous les êtres. Cette observation avait déjà été faite par les anciens, qui avaient posé en principes que toutes les créatures forment une sorte de gradation que la nature fait passer d'un individu à un autre par des modifications insensibles et n'offrant jamais de sauts brusques : c'est ainsi qu'on peut passer des mammifères les mieux organisés aux êtres les plus simples ; et le passage même des plantes aux animaux est insensible ; car entre ces deux règnes se trouvent des êtres organisés, rangés par les savants, tantôt parmi les végétaux, tantôt parmi les animaux, si bien que l'on donne à ces êtres intermédiaires le nom d'animaux-plantes (zoophytes).

Cette admirable harmonie dans les œuvres de Dieu se retrouve partout. Ainsi l'ours sert d'intermédiaire entre les singes et les carnassiers. Comme les carnassiers il marche sur quatre pattes ; mais il marche sur la plante des pieds, ce qui lui permet de se tenir debout comme les singes. Quand il prend son repas, il ne porte pas ses aliments à sa bouche, ainsi que le pratiquent les singes ; sa bouche ne va pas non plus chercher sa nourriture à terre, comme cela se passe chez les autres carnassiers. Sa manière de manger tient le milieu entre les deux systèmes : il soulève à moitié sa nourriture entre ses pattes de devant et abaisse sa tête pour la rencontrer.

Les ours sont des animaux qui autrefois ont existé en très-grand nombre à la surface de la terre, ce qui est prouvé par la quantité d'ossements fossiles qu'on retrouve dans les cavernes, et ces ossements ont donné lieu à mille commentaires erronés : ainsi on vendait ses dents sous le nom de licorne fossile ; d'autres ont cherché à prouver que c'étaient des débris de dragons ailés.

Les ours sont de gros mammifères à corps trapu, à démarche lourde, n'offrant ni l'agilité des singes, ni les contours gracieux du lion ou du tigre. « Sa voix, dit Buffon, est un grondement, un gros murmure souvent mêlé d'un frémissement de dents, qu'il fait surtout entendre lorsqu'on l'irrite ; il est très-susceptible de colère, et sa colère tient toujours de la fureur et souvent du caprice. »

Quoiqu'il paraisse doux pour son maître et même obéissant lorsqu'il est apprivoisé, il faut toujours s'en méfier et le traiter avec circonspection, et surtout ne pas le frapper au bout du nez, car cet endroit est doué d'une sensibilité si vive que le moindre choc détermine une très-forte douleur. On lui apprend à se tenir debout, à gesticuler, à danser ; il semble même écouter le son des instruments et suivre grossièrement la mesure. Mais, pour lui donner cette espèce d'éducation, il faut le prendre jeune et le contraindre pendant toute sa vie. L'ours qui a de l'âge ne se contraint ni ne s'apprivoise plus. L'ours sauvage ne se détourne pas de son chemin, ne fuit pas à l'aspect de l'homme. Cependant on prétend que par un coup de sifflet on le surprend, on l'étonne au point qu'il s'arrête et se lève sur les pattes de derrière. C'est le temps qu'il faut prendre pour le tirer et tâcher de le tuer ; car s'il n'est que blessé, il vient de furie se jeter sur le tireur, et l'embrassant de ses pattes de devant il l'étouffe.

Les ours se distinguent en trois classes : les ours bruns, les ours noirs, les ours blancs. L'ours brun est féroce et carnassier ; l'ours noir n'est que farouche et refuse de manger de la viande ; l'ours blanc marin se nourrit de poisson et abonde dans le Spitzberg.

L'ours a les sens de la vue, de l'ouie et du toucher très-bons, quoiqu'il ait l'œil très-petit relativement au volume de son corps, les oreilles courtes, la peau épaisse et le poil fort touffu. Il a l'odorat excellent et peut-être plus exquis qu'aucun autre animal.

Les ours aiment la solitude : aussi la plupart des espèces vivent isolées dans les forêts les plus sauvages. Ils ont une extrême circonspection, et ne s'approchent qu'avec prudence de tout ce qu'ils n'ont pas l'habitude de voir. Tout objet nouveau éveille chez l'ours la défiance : il l'observe attentivement ; avant de s'approcher, il passe sous le vent pour s'en rendre compte par l'odorat ; il s'avance doucement, le flaire, le tourne et le retourne, puis s'en éloigne s'il ne lui convient pas de s'en emparer. C'est ainsi qu'il agit toutes les fois qu'il trouve un cadavre d'homme ou d'animal, auquel il ne touche jamais.

Le courage de l'ours a passé chez quelques auteurs pour de la brutalité ; cette assertion est une erreur. L'ours est intrépide mais prudent, et il ne combat que par vengeance ou lorsqu'il y est forcé par la faim et par la défense de ses petits.

Pendant l'hiver ces mammifères s'engourdissent plus ou moins profondément, et leur sommeil est d'autant plus intense que le froid est plus rigoureux. Comme il s'est abondamment nourri de fruits pendant l'automne, il est fort gras au moment où il commence sa retraite, et il paraît que cette graisse suffit pendant quelque temps à l'entretien de sa vie ; et lorsque sa léthargie cesse, au bout de trente à quarante jours, il est très-amaigri, et il va dans les forêts chercher quelques graines ou quelques racines pour se soutenir. Quand la terre est couverte de neige, c'est alors qu'on le voit s'approcher des habitations et se saisir d'animaux domestiques.

L'ours blanc est le souverain des régions arctiques : on ne le trouve que sur les bords de l'océan glacial ; jamais il ne descend de ces contrées, à moins d'être transporté sur un glaçon flottant. L'organisation de cet animal se rapporte aux conditions du dur climat qu'il habite. Recouvert d'une fourrure longue et épaisse, blanc comme les neiges éternelles au milieu desquelles il vit, l'ours blanc n'a guère de développé que le sens de l'odorat. Lorsqu'il a faim, il monte sur une colline, et levant la tête et flairant la brise, il reconnaît la présence d'une baleine morte ou échouée au loin sur quelque île de glace. Un morceau de chair de baleine cuit devant le feu l'attire d'une distance de plusieurs milles. Les phoques et le poisson constituent sa principale nourriture, et il est rare que l'animal auquel il s'attaque lui échappe.

Un phoque reposait au milieu d'un vaste champ de glace avec un trou ouvert devant lui, un ours blanc le guettait. Usant d'artifice, le cruel ennemi se fraya un chemin sous la glace et déboucha par le trou que le phoque avait en vue pour opérer sa retraite. Le phoque néanmoins observa l'approche du monstre et se jeta à l'eau en plongeant ; mais l'ours aussitôt s'engloutit de même, et reparut au bout d'une minute avec le phoque dans sa gueule.

L'ample fourrure et l'abondance de graisse dont ces animaux sont pourvus font organiser contre eux des chasses actives dans les contrées où ils sont communs. C'est ordinairement l'hiver qu'on les recherche, parce qu'alors leur pelage offre un poil plus fourni et plus lisse.

Les procédés à l'aide desquels on capture les ours varient extrêmement selon les pays, mais il est fort rare de pouvoir les saisir vivants. Cependant on dit qu'on les enivre quelquefois en arrosant du miel, aliment·qu'ils aiment beaucoup, avec de l'eau-de-vie, et qu'il est facile de les prendre et de les enchaîner quand ils s'en sont gorgés.

Quelques peuplades ne craignent pas de les attaquer avec un simple épieu que les chasseurs leur enfoncent dans le ventre au moment où ils se redressent pour les saisir et les étouffer dans leurs bras. Les lapons les atteignent à la course sur les neiges et les assomment à coups. de massue.

Dans certaines régions de la Sibérie, les chasseurs construisent des échafaudages en bois qui tombent sur ces animaux lorsqu'ils marchent sur une trappe placée au-dessous. Dans les pays qui sont hérissés de montagnes, on use parfois d'un singulier moyen pour les tuer. Les habitants attachent à un bloc de bois ou de rocher une corde munie de nœuds coulants et placée sur le passage fréquenté par les ours. Lorsqu'un de ces derniers s'y est pris et se sent attaché à ce bloc, il fait tous ses efforts pour le traîner vers le prochain précipice et s'y jeter, espérant s'en débarrasser ; mais il y est entraîné lui-même par le poids de ce corps, et il se brise dans sa chute. Enfin Pallas dit que dans certains pays où il se trouve beaucoup de ruches, on attache des faulx aux arbres qui en possèdent, en ayant soin d'en tourner la pointe en haut. Les ours y montent malgré cet obstacle qu'ils évitent ; mais en descendant ils s'y enserrent immanquablement.

A la Louisiane et au Canada, où les ours noirs sont très-communs, où ils ne nichent pas dans les cavernes, mais dans de vieux arbres morts sur pied et dont le cœur est pourri, on les prend en mettant le feu dans leurs maisons. Comme ils s'établissent ordinairement à trente ou quarante pieds de hauteur, il faut qu'ils descendent ; et si c'est une mère avec ses petits, on tue la mère avant qu'elle soit à terre ; les petits descendent ensuite ; on les prend en leur passant une corde au cou, et on les emmène pour les élever ou pour les manger, car la chair de l'ourson est délicate et bonne : celle de l'ours est mangeable ; mais comme elle est mêlée d'une graisse huileuse, il n'y a guère que les pieds, dont la substance est plus ferme, qu'on puisse regarder comme une viande délicate.

La chasse de l'ours, sans être fort dangereuse, est très-utile lorsqu'on la fait avec quelque succès ; la peau est de toutes les fourrures grossières celle qui a le plus de prix ; et la quantité de graisse qu'il fournit est très-considérable. On met d'abord la chair et la graisse cuire dans une chaudière. La graisse se sépare : on la purifie en y projetant, lorsqu'elle est très-chaude, du sel et un peu d'eau par aspersion : il s'élève une fumée épaisse qui emporte avec elle la mauvaise odeur de la graisse. On laisse refroidir la graisse, et quand elle est tiède, on la verse dans un pot, on la laisse reposer huit à dix jours : au bout de ce temps on voit nager dessus une huile claire qu'on enlève avec une cuiller. Cette huile est aussi bonne que la meilleure huile d'olive et sert aux mêmes usages. Au-dessous se trouve un saindoux aussi blanc mais un peu plus mou que le saindoux de porc ; il sert aux besoins de la cuisine et ne porte ni goût désagréable ni mauvaise odeur.

L'ours devient quelquefois susceptible d'un grand attachement, et l'on peut citer comme preuve l'histoire de Masco, arrivée à Nancy sous le règne de René II.

Masco était un ours renfermé dans une cage du palais. Sa violence, sa fureur, lorsqu'on l'irritait, lui avaient valu dans le pays une grande réputation de férocité : aussi répétait-on toujours : « Mauvais comme Masco. »

Il arriva, par une froide nuit d'hiver, qu'un petit ramoneur, ne sachant où dormir, s'avisa de pénétrer dans la cage de Masco en passant entre deux barreaux, et s'y blottit sans bruit. Masco s'aperçut bientôt de la présence de ce nouveau-venu ; mais, au lieu de lui faire du mal, il le réchauffa, le prit en amitié et le reçut chaque nuit. L'enfant vint à succomber de la petite vérole, et à partir de ce moment Masco refusa toute nourriture et mourut bientôt,

Les ours ne se montrent pas en général aussi faciles et aussi bons : ceux que l'on tient enfermés dans les ménageries ont à diverses reprises manifesté leur férocité. Tout le monde connaît l'histoire de ce vétéran qui, au Jardin des plantes, crut voir une pièce de cinq francs dans une des fosses, y descendit et fut étranglé.

Mais cet exemple et beaucoup d'autres ne suffisent pas pour donner à l'ours la réputation de férocité ; car, dans ces cas, ce sont toujours des animaux enfermés dans des cages, excités par les visiteurs, et leur férocité vient de la captivité même ; mais dans l'état sauvage ils s'attaquent rarement à l'homme, à moins d'y être poussés par la nécessité.

Les Éléphants

L'éléphant est le géant des quadrupèdes par la masse, et il se place encore à la tête des animaux par une intelligence si fixe, si développé, que sous sa grossière enveloppe il est un des êtres les plus intéressants et dont l'histoire abonde en plus de traits de sagacité et d'attachement. Buffon a dit des éléphants « que ce sont des miracles d'intelligence et des monstres de matière. »

Le corps immense de l'éléphant est supporté sur quatre jambes qui sont droites comme quatre colonnes puissantes ;

son pied large et plat lui permet d'avancer encore assez près des eaux des fleuves et des marais sans enfoncer dans la vase. Sa tête paraîtrait petite, comparée à la masse de son corps, si elle ne portait deux défenses et une trompe qui en doublent le poids et rétablissent l'harmonie de l'ensemble. L'œil de l'éléphant est petit mais plein de vivacité; ses oreilles varient; sa démarche est lourde et pesante.

C'est dans la trompe ou nez de l'éléphant qu'est concentrée toute l'activité dont il est capable, que cette activité se traduise par un déplacement considérable de forces ou qu'il faille accomplir une œuvre d'une délicatesse à laquelle nos doigts suffisent à peine. Quand on envisage de quoi est capable cet organe si grossier d'apparence, on ne peut retenir un sentiment d'admiration pour ces inconcevables combinaisons de l'œuvre du divin Créateur. Ce même organe, qui peut étreindre un tigre et en broyer les os comme le plus vigoureux serpent, déraciner de grands arbres, porter une pièce de canon sans peine et sans effort, va, si l'éléphant le veut, lui servir à ramasser la plus petite pièce de monnaie ou à déboucher une bouteille sans la casser jamais.

La trompe de l'éléphant est son nez, et les deux narines se prolongent jusqu'à l'extrémité qui s'épanouit un peu; là se trouve même une sorte de tubercule musculeux, plus sensible encore, et dont l'éléphant se sert pour toucher et pour prendre comme nous ferions nous-mêmes du doigt.

Pour rendre la trompe capable d'usages aussi multipliés et aussi divers, il fallait qu'elle contînt un grand nombre de muscles doués chacun d'une action propre. Aussi Cuvier a-t-il compté plus de quarante mille petits muscles dans cet organe, tous indépendants les uns des autres, tandis que dans le corps humain tout entier il n'y en a guère plus de six cents.

Les défenses de l'éléphant sont deux dents de la mâchoire supérieure dont il se sert pour tirer du sol les racines qui font sa nourriture à défaut de feuillages et de hautes herbes. Elles constituent l'ivoire, qui a été recherché de tout temps par les nations riches de l'Europe et de l'Asie.

Les défenses de l'éléphant ne lui servent, disons-nous, qu'à se procurer sa nourriture; il la mâche avec d'énormes dents plantées dans chaque mâchoire et qui poussent et se remplacent à mesure qu'elles s'usent. On peut se faire une idée du poids de ces dents, en pensant qu'il faut les deux mains pour en soulever une du sol.

Mais alors, quelle idée se faire des tortures que fait endurer à un éléphant le mal de dents! et ceci n'est pas une utopie. On se souvient que Chunec, l'éléphant d'Exeter-Hall, devint fou, et qu'il fallut songer aux moyens de le détruire. Pour cela, on fit venir un fort peloton de carabiniers, et la malheureuse bête succomba enfin après avoir essuyé pendant plusieurs heures le feu de ses meurtriers. Quand le pauvre animal fut gisant sur le sol, on découvrit que sa rage n'avait d'autre origine qu'un mal de dents. Ce meurtre avait été horrible à voir. La tête de l'animal était percée de balles; mais aucune n'avait pénétré jusqu'au cerveau, à cause de la nature spongieuse des os du crâne, où elles s'étaient toutes logées sans atteindre la cervelle, qui est chez l'animal qui nous occupe, profondément située et énergiquement protégée par cette structure particulière. On peut rapprocher de ce long massacre de Chunec l'agonie presque aussi longue d'un éléphant tué par l'intrépide Gordon Cumming, célèbre par ses fameuses chasses au lion.

« . . . . . Quelque temps après, dit le narrateur, un des gens qui s'en étaient allés sur notre gauche, revint hors d'haleine, disant qu'il avait vu le grand troupeau. Je fis halte quelques instants, et donnai mes instructions à Isaac, qui prenait pendant ce temps la grande carabine allemande. Il devait agir de son côté pendant que Kleinboy me seconderait dans ma chasse; puis, comme il arrivait ordinairement en pareille circonstance, ceux de mes gens qui devaient me suivre se trouvèrent bientôt réduits à un seul homme. Je mis mes armes sur mes épaules; je me rafraîchis un peu en vidant une calebasse, et je dis à mon guide de marcher devant moi. Nous nous avançâmes ainsi.

» Nous parcourûmes aussi silencieusement que possible quelques centaines de mètres, suivant le guide, qui s'arrêta tout à coup en poussant une exclamation, et en me montrant du doigt un troupeau de grands éléphants réunis sur le gazon à cent cinquante mètres environ devant nous. Je m'avançai doucement vers eux, et aussitôt qu'ils m'eurent aperçu, ils poussèrent des cris éclatants, et dressant leurs trompes, ils s'élancèrent tous dans la même direction, à travers la forêt, en soulevant sous leurs pas un épais nuage de poussière. J'avais avec moi mes chiens qui m'aidèrent vigoureusement.

» Malgré la distance à laquelle j'étais arrivé, et malgré les difficultés que j'avais déjà surmontées et celles qui restaient devant moi, je résolus de faire au moins mon devoir, et enfonçant mes éperons dans les flancs de mon cheval, je fus bientôt assez près d'eux pour espérer qu'ils ne sortiraient pas tous de là sains et saufs. En même temps les éléphants firent un détour sur ma gauche, et je pus considérer leurs dents. Le troupeau se composait de six mâles. Quatre d'entre eux avaient atteint leur complet développement, les deux autres étaient plus jeunes. Des quatre vieux, deux avaient de bien plus belles dents que les autres, et pendant quelques instants je restais indécis lequel des deux je suivrais. J'en étais là de mes réflexions, quand tout à coup l'un d'eux s'écarta de ses compagnons, ce qui me fit croire que c'était le chef du troupeau, et me décida en même temps à m'attacher à sa poursuite. Galopant à son côté, j'étais sur le point de faire feu, quand il se retourna tout à coup en poussant un cri terrible, qui fit presque trembler la terre sous les pas de mon cheval, et se mit à me charger furieusement pendant quelques centaines de mètres, en ligne droite et sans varier d'un pouce, au milieu des jeunes arbres et des buissons qu'il culbutait comme un ouragan. Quand il s'arrêta, je fis de même, et pendant qu'il battait lentement en retraite, je fis galopper mon cheval à ses côtés, ce qui n'était pas sans difficulté, car il se cabrait et piaffait à chaque pas.

» L'éléphant reçut une balle dans l'épaule, mais il n'en continua pas moins la majestueuse promenade. La détonation rappela autour de moi quelques-uns de mes chiens qui s'étaient attachés à la poursuite des autres éléphants. Cette nouvelle attaque fut le signal d'une autre charge à fond de train, accompagnée du même cri effroyable. Dans ce mouvement, il passa tout près de moi, et je le saluai d'une autre balle dans l'épaule ; mais il ne parut pas même y faire attention. Je pris alors la détermination de ne plus tirer qu'à coup sûr ; mais quoique l'éléphant fût parfaitement à portée, je n'en pouvais rien faire, tant mon cheval, en se cabrant et en bondissant, me donnait de mal à le maintenir. A la fin, exaspéré, ne mesurant plus le danger, je sautai de ma selle, je m'approchai de l'éléphant à couvert derrière un arbre, et je lui envoyai une balle dans le côté de la tête, pendant qu'il faisait encore retentir la forêt. Il s'élança encore sur les chiens, d'où il semblait croire que fût venu le coup, et il prit position au milieu des arbres, la tête tournée de mon côté, Je m'avançai au-devant de lui, et comme de cette époque je savais qu'une balle tirée sur le côté de la tête est sans effet, je le visai au beau milieu du front, espérant ainsi mettre un terme à sa carrière. Le coup ne fit qu'augmenter sa furie, effet que j'avais déjà remarqué et qui se produit chaque fois que l'éléphant est blessé à la tête. Il revint à la charge avec plus d'impétuosité que jamais, et je vis le moment où mes exploits contre les éléphants allaient être finis pour jamais. Une partie des Béchuanas qui m'avaient suivi jusque-là, décampèrent aussitôt, me croyant mort; car l'éléphant à ce moment était presque sur moi. Cependant je m'échappai à force d'activité et en tournant autour d'un épais buisson.

» L'éléphant crut le combat fini et retourna vers la forêt; mais il avait à peine fait quelques pas, que je fus en selle et bientôt à ses côtés. En même temps, j'entendis au loin Isaac qui venait de tirer sur un autre éléphant; mais quand il fut chargé à son tour, le cœur lui manqua, et il revint près de moi, où il se croyait plus en sûreté. Je fus longtemps avant de me décider à tirer, parce que je craignais de remettre pied à terre et que, d'un autre côté, mon cheval n'avait pas cessé d'être dans une agitation extrême. A la fin, je tirai mes coups de droite et de gauche, la bête reçut les deux balles derrière les épaules et me chargea de nouveau. Par bonheur la troupe de Bamangaato était revenue en même temps de mon côté. Parmi eux était Mollycon, garçon de courage et d'énergie, qui me rendit un éminent service en tenant la tête de mon cheval pour charger et pour tirer six nouveaux coups qui n'eurent pas plus de succès que les précédents.

» Le soleil apparaissait au-dessous du sommet des arbres; il allait être bientôt nuit, et l'éléphant était encore loin de paraître à bout. Je pensai que je n'avais plus grand temps devant moi, et je me décidai à mettre pied à terre et à marcher à pied contre mon adversaire. Je m'avançai, et

je fis feu de mes deux coups sur le côté dé sa tête ; il s'élança
encore sur moi ; mais je n'avais plus grande crainte, parce
que je savais qu'épuisé comme il était, il ne pourrait m'atteindre. En un clin d'œil ma carabine fut rechargée, moi
de nouveau près de lui. Il poussa un tel cri que mon cheval
s'élança à travers la forêt, mais ce fut la fin. Ses blessures
avaient épuisé ses forces, et il s'appuya le côté contre un
arbre, pendant que les chiens continuaient de tourner et
d'aboyer après lui. En effet ceux-ci, rafraîchis par la brise
du soir, et comprenant que c'en serait bientôt fait de l'éléphant, étaient revenus à mon aide.

» Je rechargeai et je tirai cette fois au milieu du front.
Alors, au lieu de s'élancer comme les fois précédentes,
il fit seulement fouetter sa trompe en l'air en poussant de
sourds rugissements. Je rechargeai encore une fois ma
carabine, et ce fut le dernier coup. En le recevant, il tourna
autour de l'arbre contre lequel il s'était appuyé. Je m'élançai
de nouveau pour tirer le second coup, mais le puissant monarque des bois était à bout de ses forces ; avant que j'aie
pu me faire jour au travers des buissons, la masse de son
corps tomba inanimée.

» Les sentiments qui m'agitèrent en ce moment, ne
peuvent guère être compris que du petit nombre de mes
confrères les chasseurs, qui ont été à même dans leur vie
de faire de semblables rencontres. »

Presque chaque pays a sa manière de chasser l'éléphant.
En Afrique, sur le continent même où Cumming accomplis-
sait ses exploits avec tout un matériel de chevaux, de chiens,
de gens, voici comment d'autres peuples plus primitifs
chassent l'éléphant, à deux seulement et sur le même cheval.
Ce sont les habitants de l'Abyssinie.

« Les gens, dit Bruce, qui font leur état de la chasse
à l'éléphant, demeurent constamment dans les bois, faisant

leur nourriture journalière de la chair des animaux qu'ils
tuent, c'est-à-dire de celle de l'éléphant ou du rhinocéros.
On les appelle *agagéers*, nom tiré du mot *agar* qui signifie
coupe-jarrets; mais pour parler d'une manière plus convenable, cette expression indique l'amputation du tendon ou
muscle du tendon, et caractérise la manière dont on s'y
prend pour tuer l'éléphant. Deux hommes montent à
cheval; le premier, qui souvent monte à cru, et qui quelquefois a une selle, tient d'une main une baguette ou un
bâton court, et de l'autre la bride de son cheval, qu'il
gouverne avec beaucoup d'attention. Derrière lui est son
compagnon, armé d'un cimeterre; de la main gauche,
celui-ci tient son sabre par la poignée, tandis que de l'autre
main, il en tient la lame, dont environ un quart de mètre
couvertes de ficelles; et quoique l'extrémité inférieure
de cette lame soit aussi tranchante que celle d'un rasoir,
il le porte toujours sans fourreau.

» A la rencontre d'un éléphant, l'homme qui conduit
le cheval s'approche de lui, autant qu'il est possible de le
faire, et tandis qu'il le croise en tous sens il s'écrie : « Je
suis un tel, un tel et un tel; voilà mon cheval qui porte tel
nom; j'ai tué ton père dans tel endroit et ton grand-père
dans tel autre; je viens pour te tuer, toi qui n'es rien en
comparaison d'eux. »

» L'éléphant, qui, en Abyssinie, est supposé comprendre ce bavardage, furieux d'entendre le bruit qui se
fait devant lui, cherche à se saisir avec sa trompe de
l'*agagéer*, suit dans cette intention tous ses pas, fait autant
de tours que lui, et néglige de se sauver en courant sur
une ligne droite, seul moyen qu'il aurait de pourvoir à sa
sûreté. Après avoir fait faire plusieurs tours au quadrupède, le cavalier se presse contre lui, et fait glisser par
derrière son camarade de l'autre côté du montoir, tandis

qu'il occupe l'attention de l'éléphant sur son cheval.

» L'autre le frappe d'un coup de son sabre au-dessus du talon à l'endroit qui, dans un sujet humain, se nomme tendon d'Achille : c'est le moment critique ; le cavalier tourne autour de l'animal, reprend son compagnon et court avec lui après le reste du troupeau, s'ils ont aperçu plus d'un éléphant. Quelquefois un adroit *agagéer* en tue trois dans une seule chasse. Si l'homme n'est pas d'un caractère timide, et si son sabre a bien le fil, le tendon est entièrement séparé ; au reste, s'il n'est pas totalement disjoint, il est tellement entamé, que l'animal, en appuyant dessus, a bientôt achevé de le briser ; dans l'un et l'autre cas l'animal est dans l'impossibilité de faire un seul pas, jusqu'à l'arrivée du cavalier et de ses compagnons, qui le percent de coups de pique et de lance jusqu'à ce qu'il tombe à terre et expire baigné dans son sang. »

Aussitôt qu'il est mort, ils coupent sa chair en aiguillettes de l'épaisseur des rênes d'une bride, et les suspendent comme des festons à des branches d'arbre pour les faire sécher, et ensuite ils les serrent pour les manger dans la saison des pluies.

Bruce a été témoin, dans l'une de ces circonstances, d'une singulière marque d'affection d'un jeune éléphant pour sa mère. « Il ne restait, dit-il, que deux éléphants de ceux qui avaient été découverts, c'est-à-dire une femelle et son petit. L'*agagéer* les aurait volontiers laissé vivre, attendu que les défenses de l'éléphant femelle sont très-courtes et que le petit n'est d'aucune valeur ; mais les chasseurs ne voulurent rien perdre de leur partie de plaisir ; nos gens ayant remarqué l'endroit où la femelle s'était retirée, on la trouva bientôt, et elle fut sur-le-champ mutilée par les *agagéers* ; mais quand ils vinrent pour l'attaquer avec leurs dards, comme chacun d'eux le fit effectivement,

son petit qu'on avait laissé échapper sans s'occuper de lui,
s'élança furieux d'un buisson où il s'était caché, et se pré-
cipita sur les hommes et les chevaux avec toute la violence
dont il était capable. Je fus très-surpris et très-affecté en
voyant les efforts de ce jeune animal pour défendre sa
mère ensanglantée, sans s'occuper de sa propre vie. Je leur
criai en conséquence : « Pour l'amour de Dieu, épargnez
la mère ! »

» Mais il n'était plus temps, et le petit me livra différents
assauts, que j'eus toutes les peines du monde à éviter. Je
me suis néanmoins, depuis, su bon gré de ne l'avoir pas
frappé.

» Enfin, renouvelant son attaque sur l'un des chasseurs,
il lui fit une légère blessure à la jambe ; sur quoi, celui-ci
lui perça le ventre d'un coup de javelot. Les autres imi-
tèrent son exemple, et il tomba mort à côté de sa mère
qu'il avait défendue avec tant de zèle. »

L'éléphant en captivité paraît avoir une singulière disposition au jeu et même à la plaisanterie. De même aussi
qu'il ne peut souffrir être le but d'une moquerie, qu'il sait
très-bien saisir, ou l'objet d'un mauvais tour dont il se
venge le plus souvent.

« En 1692, raconte Smith [1], un vaisseau nommé *la
Dorothée*, commandé par le capitaine Thwaits, s'arrêta devant Achem, pour prendre des vivres ; et deux Anglais,
résidant dans cette ville, vinrent à bord pour faire emplette
de marchandises européennes dont ils avaient besoin. Ils
achetèrent entre autres choses du drap de Norwich.

» Comme il n'y avait pas de tailleur anglais à Achem,
ils employèrent un homme de Surate, qui tenait un magasin dans la place du marché, et qui occupait ordinairement plusieurs ouvriers dans sa boutique.

[1] Cabinet du jeune naturaliste.

» L'éléphant en question était dans l'usage d'allonger sa trompe dans les allées ou aux fenêtres des maisons quand il passait dans les rues, comme pour demander des fruits gâtés ou des racines que les habitants se faisaient un plaisir de lui donner. Un matin, en allant à la rivière pour se laver, monté de son cornac, il présenta l'extrémité de sa trompe aux fenêtres du tailleur; cet homme, au lieu de lui donner ce qu'il désirait, le piqua avec son aiguille. L'éléphant parut ne faire aucune attention à cette insulte, mais il alla tranquillement à la rivière et se lava; après quoi il en remua le limon avec l'un de ses pieds de devant et aspira une grande quantité de cette eau fangeuse dans sa trompe; puis passant nonchalamment du côté de la rue où était la boutique de cet ouvrier, il s'avança vers sa fenêtre et lui lança une fusée d'eau avec tant de force et si subitement, que le coupable et ses garçons en tombèrent presque à la renverse. »

Le trait suivant nous montre encore que si l'éléphant ne possède point la haute intelligence dont les anciens se sont plu à le douer, il faut lui reconnaître cependant un certain discernement.

Chez lui, les sentiments de la vindication et de la reconnaissance sont portés à un haut degré. Un de ces animaux, qu'un peintre dessinait, impatienté par le domestique de celui-ci, qui essayait, au moyen de friandises, de lui faire prendre une attitude favorable, inonde d'eau le travail de l'artiste. Il y a peu d'années, au *Royal exchange* de Londres, rapporte un naturaliste distingué, on voyait un de ces animaux qui allait acheter des pâtisseries avec l'argent que le public lui donnait, et lorsque le marchand le trompait, il se faisait violemment justice..... Tout le monde connaît l'histoire, racontée par Buffon, d'un autre éléphant qui, ayant tué par ressentiment son cornac, ne voulut accepter que son fils pour lui succéder, et celle d'un militaire habitué à porter quelques friandises à l'un de ces animaux, et qui, un jour étant ivre, trouva en lui un défenseur contre les soldats qui le poursuivaient, et un asile entre ses jambes.

On cite encore l'histoire d'un fonctionnaire qui, exact à sa consigne, au muséum d'histoire naturelle de Paris, ne manquait pas, lorsqu'il était de garde auprès des éléphants, d'avertir le public de ne leur rien donner à manger. Une telle conduite n'était pas propre à le faire aimer des éléphants; la femelle en particulier le regardait d'un très-mauvais œil, et déjà elle lui avait fait éprouver les effets de sa mauvaise humeur en lui aspergeant la tête avec sa trompe. Ce militaire ne se corrigeait pas; et un jour que l'affluence des spectateurs était plus grande qu'à l'ordinaire, il reçut d'abord une fusée d'eau à la figure; mais comme il ne s'obstinait pas moins à défendre tous dons de morceaux de pain, la femelle irritée se saisit du fusil du rigide surveillant, le fit tourner dans sa trompe, le foula aux pieds, et ne le rendit qu'après l'avoir tordu comme un tire-bourre.

La présence de l'eau paraît égayer tout particulièrement l'éléphant et l'exciter puissamment à laisser de côté sa gravité et sa majesté habituelle, pour se jouer et barbotter comme un véritable enfant en récréation.

Quelquefois, en traversant les rivières, l'éléphant s'amuse à plonger tout à coup, en sorte que son conducteur est forcé de monter sur son dos ou de se mettre à la nage. Heureux encore quand la bête n'a pas quelque grief contre le pauvre Mahout, c'est le nom qu'on leur donne aux Indes, et ne le retient pas par le pied avec sa trompe, de manière à lui faire faire aussi un fort désagréable plongeon.

On a connu un éléphant qui s'était arrangé sa vie et s'était fait une sorte de régime. Il connaissait le poids exact de la charge qu'il devait porter avec sa trompe, et si on le

chargeait au delà, il refusait résolument de se mettre en
route, ou s'il faisait quelques pas, c'était pour laisser tomber sa charge à chaque instant.

Un jour, un officier, sous les ordres duquel il se trouvait, l'ayant trop chargé, et voyant le fardeau tomber à
chaque pas, s'impatienta à la fin et lança un pieu de tente
à la tête de l'animal. L'éléphant ne paraît pas y faire
attention sur le moment; mais quelques jours après, il
rencontra par hasard le même officier, il l'empoigna et le
déposa au milieu des branches d'un grand tamarinier qui
couvrait la route, le laissant redescendre comme il pourrait,
ou tomber s'il ne se retenait pas adroitement.

Le nom que portait cet éléphant lui avait été certainement improprement donné : on l'appelait Paugul, c'est-à-
dire le fou. Une fois, une seule fois, il se départit de sa
règle, et accepta une charge plus forte, c'était pour sou-
lager un de ses compagnons qui avait eu le pied blessé.

Un autre éléphant était tourmenté par un enfant qui
lui faisait mille niches. Longtemps le gros animal ne dit
rien, et sembla mépriser son chétif adversaire, absolument
comme les gros chiens qui regardent tranquillement et sans
s'émouvoir les roquets aboyer après eux de toute la force
de leurs poumons. Cette condescendance ne fit qu'enhardir
l'enfant qui ne devint que plus taquin et plus méchant. A
la fin, la bête, lasse et voulant mettre un terme à tous
ces ennuis, saisit notre gamin par le milieu du corps,
l'enleva de terre, l'enroula dans sa trompe et se mît à
serrer tout doucement. L'autre était à moitié mort de
frayeur, quand l'éléphant ajouta encore à son effroi en poussant un hurlement terrible. Mais tout cela n'était qu'une
correction et non un châtiment; l'enfant fut bien doucement
déposé à terre, et, dit-on, ne recommença plus à tourmen-
ter la grosse bête.

On n'en finirait pas de citer tous les traits d'intelligence des éléphants. Un encore. C'est un voyageur, un témoin oculaire qui parle [1].

« Voici ce que j'ai vu moi-même de l'éléphant, dit-il. Il y a toujours à Goa quelques éléphants pour servir à la construction des navires. Je vins un jour au bord du fleuve proche duquel on en faisait un très-gros. Dans la même ville de Goa, où il y a une grande place remplie de poutres pour cet effet, quelques hommes en liaient de fort pesantes par le bout avec une corde qu'ils jetaient à l'éléphant, lequel se l'étant portée à la bouche, et en ayant fait deux tours à sa trompe, les traînait lui seul, sans aucun conducteur, au lieu où l'on construisait ce navire, qu'on n'avait fait que lui montrer une fois; et quelquefois il en traînait de si grosses, que quarante hommes et même davantage ne les eussent pu remuer. Mais ce que je remarquai de plus étonnant, fut lorsqu'il rencontrait en son chemin d'autres poutres qui l'empêchaient de tirer la sienne; en y mettant le pied dessous, il en enlevait le bout en haut, afin qu'elle pût aisément courir par-dessus les autres.

Si l'éléphant a l'intelligence en partage, la sagesse ne lui a pas été donnée tout entière, et cette intelligence a ses perversions et ses orages comme celle de tous les autres animaux, et alors, servies par tant de force, les passions mauvaises sont terribles chez l'éléphant, et sa colère est presque un désastre.

Un éléphant appartenant à une ménagerie ambulante dans les états de l'Amérique du Nord, devint furieux tout à coup et échappa à ses gardiens pendant la nuit. Ceux-ci s'élancèrent aussitôt à sa poursuite, craignant qu'il ne fît quelque malheur dans sa course. Ces craintes n'étaient que

[1] P. Philippe : *Voyage d'Orient*, p. 367.

trop fondées; car ils purent voir bientôt les terribles effets de la fureur du puissant animal, et suivre son passage par une série de catastrophes.

Il avait commencé par se jeter sur une voiture vide et l'avait mise en pièces. Il avait percé le corps du cheval avec ses défenses et traîné son cadavre à plus de cinquante pieds de la route. Il était ensuite revenu sur la route, où il rencontra une autre voiture qu'il mit également en morceaux; seulement le cheval eut plus de bonheur, ayant pu s'échapper avec son harnais.

L'éléphant l'avait poursuivi l'espace de quatre lieues, mais sans pouvoir l'atteindre. Un peu désappointée de ce côté, la bête furieuse revint encore, brisa un char à banc, tua le cheval, et, chose singulière, éprouva de nouveau le besoin de traîner au loin le corps de sa victime.

Un troisième cheval tomba encore; un quatrième n'échappa que tout juste au même destin, et seulement parce qu'il prit la fuite à la vue de l'animal furieux. L'éléphant l'avait poursuivi; mais il s'était réfugié dans une écurie appartenant à son maître. L'éléphant était en train de forcer la porte pour entrer à son tour, quand il fut attaqué par un adversaire qu'il ne soupçonnait pas. Un bouledogue, qui sans la moindre hésitation fondit sur l'éléphant, mordit ses jambes si furieusement, que la grosse bête fut obligée de tourner les talons pour échapper à son chétif adversaire. Puis, épuisé par tous ces efforts, rappelé à l'ordre par les terribles morsures du bouledogue, il s'arrêta et bientôt même se laissa tomber. Les gardiens, qui arrivèrent sur ces entrefaites, profitèrent de ce répit pour l'attacher solidement avec des chaînes jusqu'à ce qu'il fût redevenu tranquille.

Les conducteurs des voitures eux-mêmes n'avaient pas entièrement échappé à la fureur de l'animal : deux d'entre eux avaient été surpris si subitement, qu'ils ne purent éviter le choc et furent grièvement blessés.

En considérant l'éléphant à l'allure lourde, aux proportions gigantesques, on s'aperçoit de suite qu'il appartient à une autre époque que la nôtre, que son règne est pour ainsi dire passé. Répandus en effet autrefois sur toute la surface du globe, depuis l'équateur jusqu'aux régions glaciales des pôles, ces animaux, victimes des révolutions qui ont changé la surface du sol, ne se rencontrent plus aujourd'hui qu'en Afrique, depuis la frontière méridionale du grand désert jusqu'au Cap; dans l'Inde, de Sumatra jusqu'en Chine. Les éléphants ont habité, leurs ossements l'attestent, jusque dans les pays aujourd'hui les plus glacés du globe; mais évidemment ces régions polaires étaient tout autres alors qu'elles ne sont aujourd'hui; la température était loin d'y être aussi rigoureuse, et les révolutions qui l'ont modifiée ont entraîné la destruction des races qui y vivaient. Avant que la géologie vînt éclairer les sciences de son flambeau, les débris fossiles des éléphants passaient pour des jeux de la nature ou pour les restes d'une ancienne race de géants qui avaient précédé la nôtre. L'amour du merveilleux et la similitude de certains os de ces animaux avec ceux de l'homme se prêtent à cette fiction. Une des plus célèbres de ces histoires est celle du squelette que, sous Louis XIII, on donna comme étant celui de Teutobochus, roi des Cimbres, qui combattit contre Marius.

L'origine de cette fable est dans le récit d'un certain Mazurier, chirurgien de Beaurepaire, qui, s'étant emparé d'ossements trouvés dans une sablonnière, près du château de Chaumont en 1613, soutint, pour en faire son profit, les avoir rencontrés dans un sépulcre de trente pieds de longueur et portant pour inscription *Teutobochus rex;* il ajouta, pour donner plus de crédit à ses assertions mensongères, qu'il avait trouvé en même temps une cinquantaine de médailles à l'effigie de Marius. La brochure qu'il publia excita tellement la curiosité publique, que tout Paris vint à prix d'argent admirer les os du prétendu géant. Ceux-ci, transportés au musée d'histoire naturelle, ont été reconnus appartenir à un animal contemporain de l'éléphant fossile, aujourd'hui perdu, le mastodonte.

A l'éléphant fossile appartenait sans doute l'énorme dent que saint Augustin nous apprend que l'on trouva près d'Utique, ainsi que l'ossature d'Antée, découverte dans la Mauritanie, et aux mânes duquel, dans cette circonstance, on offrit un sacrifice. Les souvenirs des temps héroïques ayant laissé des impressions profondes sur les habitants de la Grèce, ces derniers, se figurant que les hommes qui illustrèrent leur pays appartenaient à une race supérieure, rapportaient à leurs dépouilles les ossements gigantesques extraits du sein de la terre : c'est ainsi que les Spartiates attribuèrent à Oreste les os d'un éléphant de douze pieds de long. Une rotule aussi vaste qu'un disque du cirque fut trouvée près de Salamine, et l'on pensa, ainsi que le rapporte Pausanias, qu'elle avait appartenu à Ajax. Boccace et le P. Kirker nous apprennent également qu'on prit pour des débris de géants des fragments osseux d'éléphant, et quelques-uns même ont été regardés comme les restes de Polyphème.

Le val d'Arno, en Italie, est remarquable par l'abondance de ces dépouilles fossiles que plusieurs savants, et Stenon entre autres, regardent comme des traces du passage de l'armée d'Annibal dans ce pays. Mais, ainsi que le fait remarquer Cuvier, il est bien vrai que le général, après avoir passé l'Apennin en Ligurie, comme le rapporte Cornélius Nepos, traversa les vallées de l'Arno pour aller gagner sur Flaminius la bataille de Trasimène ; mais alors

il ne possédait plus, Tite-Live et Polybe sont d'accord sur
ce point, qu'un seul de ces animaux, ce qui rend insoute-
nable l'hypothèse que les nombreux débris d'éléphants rencontrés dans le val d'Arno sont des vestiges de ceux du
général africain.

Les Sibériens, pour expliquer la présence de ces débris
souterrains, imaginent qu'il existe un animal de la grosseur
d'un éléphant et portant comme lui des défenses, mais qui,
abhorrant la lumière, vit à la manière des taupes. Cette
fable est inscrite également dans les livres chinois.

On a rencontré parmi les glaces du Nord, quelques éléphants pourvus encore de parties molles. L'un d'eux, découvert en 1799 par un pêcheur tungouse, à l'embouchure
de la Léna, était tellement environné de glace, qu'il était
impossible de reconnaître ce que c'était. Mais, en 1804,
après un dégel considérable, on parvint à en extraire les
défenses. Deux ans plus tard, le professeur Adams, de
Moscou, se rendit sur les lieux, et trouva l'animal mutilé
par les Jakoutes qui en avaient enlevé les chairs pour leurs
chiens, et les animaux carnassiers qui s'en étaient nourris.
Toutefois ce naturaliste put encore voir que le cou était
couvert d'une immense crinière et la peau revêtue de crins
noirâtres et d'une espèce de laine d'un rouge brun. Le
squelette de cet éléphant se voit aujourd'hui au muséum
de l'Académie de Saint-Pétersbourg.

Buffon, pour rendre compte de la présence de ces animaux dans l'Asie boréale, admet leur migration vers le
Nord, hypothèse qu'une attention plus scrupuleuse a complétement démentie. L'espèce fossile de la Sibérie diffère
en effet des éléphants aujourd'hui vivants, et son épaisse
et abondante toison indique suffisamment qu'elle était destinée à vivre dans les régions froides.

Les éléphants d'aujourd'hui ne peuvent plus se propager

au delà d'une étendue de pays assez limitée. Ceux de l'Inde,
de la Cochinchine et des îles voisines, ont huit à neuf pieds
de haut, le front concave, les défenses et les oreilles petites.
Ils sont très-courageux, redoutés même de l'espèce africaine.
Cette particularité n'avait point échappé aux anciens, qui,
dans les batailles où ils n'avaient que des éléphants d'A-
frique, à opposer à des éléphants de l'Inde, avaient toujours soin de les placer derrière les soldats. Les éléphants
d'Afrique, au contraire, ont le front couvert de grandes
défenses, et des oreilles qui recouvrent l'épaule en partie.
C'étaient eux qui figuraient ordinairement dans les armées
et les cirques des Romains.

Au sud du grand désert d'Afrique, de cette plaine immense de sable qui s'étend de la mer Rouge à l'océan
Atlantique, est une contrée arrosée chaque année par des
pluies torrentielles et qu'on appelle le Soudan. C'est un
pays plat, une plaine sans fin, ou plutôt un marécage
immense, où naissent des maladies épouvantables qui
éloignent à jamais l'homme blanc de ces pays, mais où le
nègre, mieux fait à ce climat humide et brûlant, vit jusqu'à
une longue vieillesse. C'est de ces marais que sortent le
Nil d'un côté, le Niger de l'autre, qui vont au Nord et à
l'Occident, dégorger dans deux océans les eaux torrentielles
des pluies.

Sur toutes ces solitudes humides, l'éléphant règne presque
sans partage. Mal armé, le pauvre nègre n'ose guère s'attaquer à son terrible adversaire, qui marche ordinairement
en troupes nombreuses, et dont la peau épaisse défie ses
flèches à pointe d'os ou de caillou.

Le nègre attend avec patience que quelque éléphant, en
approchant de la rivière ou du lac où il va boire ou se
baigner, s'embourbe dans la vase. Les quatre pattes
profondément enfoncées dans le sol, sous le poids de son

corps énorme, il est condamné à périr, il faut qu'il demeure. Le Soudanien arrive alors, tourne autour de son ennemi qui ne peut ni fuir ni se défendre, et il le tue sur place comme il peut.

Tel est le sort de presque tous les éléphants, telle a même été leur mort la plus ordinaire dans les temps passés. Avant de connaître ces particularités, on s'était toujours beaucoup étonné de rencontrer la plupart des squelettes d'éléphants fossiles, non pas couchés comme tous les autres animaux, mais droits sur leurs pattes et comme si la mort les avait surpris debout. L'histoire de leurs descendants d'aujourd'hui explique complétement cette particularité, et dans les temps antédiluviens comme aujourd'hui, c'est dans la boue et la vase des marais où ils s'enfonçaient, qu'ils ont le plus souvent trouvé le trépas.

Les Soudaniens prenaient aux éléphants morts leurs défenses; mais ils ne savaient pas en tirer parti, ni même les porter au loin pour les changer contre des choses plus utiles à la vie. Ils s'en servaient seulement comme des poutres pour bâtir leurs cabanes, et comme cela s'était fait de temps immémorial, il en résulta que les premiers voyageurs qui visitèrent ces contrées, trouvèrent dans le pays une quantité fabuleuse d'ivoire que les sauvages leur abandonnèrent à vil prix.

Quand les premiers Européens remontèrent le Nil blanc, ils virent presque chaque soir, dans les plaines marécageuses qui sont au-dessus de Karthoun, d'immenses troupeaux d'éléphants s'approcher du fleuve à travers les herbes hautes, et on en put chasser plusieurs. Quand on eut tiré de ces pays tout l'ivoire accumulé depuis des siècles, on songea à aller chasser les bêtes; et quelques Européens allèrent conquérir leur fortune au bout de leur carabine, en chassant cette énorme proie avec des balles spéciales, et qu'il faut placer juste au bon endroit dans le cœur de l'animal.

Quand il est tombé, on coupe les dents à la racine à coups de hache, on les coud dans un fragment de peau, et on les envoie en Europe.

Toutes ces chasses ont considérablement fait reculer les éléphants dans l'intérieur; on n'en voit plus que fort peu sur le haut Nil, et il faut aller plus loin pour en trouver. Le docteur Barth, au cœur du Soudan, a encore pu contempler des troupeaux errants sur cette terre qui était leur, au temps où les Européens ne les avaient pas encore troublés dans ces solitudes.

« Il était environ sept heures du matin, dit le voyageur célèbre, quand nous eûmes la bonne fortune de jouir d'une des scènes les plus intéressantes que ces régions puissent offrir au voyageur. A notre droite était un grand troupeau d'éléphants marchant en fort bel ordre, comme une armée d'êtres raisonnables, et s'avançant avec lenteur du côté de l'eau. En tête marchaient les mâles (comme on en pouvait juger à leur taille). Ils étaient parfaitement en ordre. A une petite distance suivaient les jeunes; au troisième rang étaient les femelles. Enfin, la marche était fermée (brought up) par cinq mâles énormes. Ces derniers, bien que nous nous fussions tenus à bonne distance, et quoi que nous n'allions que très-lentement, nous remarquèrent, et nous en vîmes quelques-uns lancer du sable en l'air, cependant nous ne jugeâmes pas à propos de les troubler. Ils pouvaient être quatre-vingt-seize [1]. »

L'éléphant d'Afrique et l'éléphant d'Asie diffèrent un peu; le premier a les oreilles beaucoup plus grandes, il a aussi les défenses plus longues et plus grosses. Ce sont elles qui fournissent surtout à la consommation de l'ivoire, dont la France emploie à elle seule cinquante à soixante mille kilogrammes par an.

[1] Barth. vol. III. p. 48.

L'emploi de l'ivoire date des temps les plus reculés. Déjà on en faisait usage au temps de Salomon, et le roi poëte en fit même faire un trône qu'il recouvrit d'or. Le prophète Amos rapporte qu'on en ornait fastueusement l'extérieur des maisons de Jérusalem. Homère parle souvent de l'ivoire, mais il ne mentionne pas l'éléphant, et il paraît ignorer la source de cette matière, qu'on travaillait déjà à Mycènes et sur les côtes de l'Asie-Mineure avec un art infini.

Dans toute l'antiquité, l'ivoire resta un produit extrêmement cher, et on le fit entrer avec les pierres les plus précieuses, dans la statuaire polychromique. On fit aussi figurer les défenses d'éléphant d'Afrique dans les cérémonies où les nations étalent avec faste leurs richesses. On rapporte qu'à la pompe triomphale d'Antiochus Epiphanes, roi de Syrie, les Ethiopiens portaient six cents de ces dents. Au triomphe de Ptolémée on avait exhibé déjà plusieurs trônes composés d'or et d'ivoire.

L'éléphant d'Asie, avons-nous dit, a les oreilles et les dents beaucoup plus petites que l'Africain ; mais on le prétend plus courageux et capable d'intimider l'autre. C'est lui qui anime les splendides paysages de l'Inde, dont il complète la grandiose harmonie.

« Les éléphants, a dit avec beaucoup de raison Châteaubriand, ne nous paraissent d'une structure si étrange, que parce que nous les voyons séparés des végétaux, des sites, des eaux, des montagnes, des couleurs, de la lumière, des ombres et des cieux qui leur sont propres. Les productions de nos latitudes mesurées sur une petite échelle, les formes généralement rondes des objets, la finesse de nos herbes, la dentelure légère de nos feuillages, l'élégance du port de nos arbres, nos jours trop pâles, nos nuits trop fraîches, les teintes trop fuyardes de nos verdures, enfin la couleur même, le vêtement, l'architecture de l'Européen, n'ont aucune concordance avec l'éléphant.

» Si les voyageurs observaient plus exactement, nous saurions comment ce quadrupède se marie à la nature qui le produit.

» Lorsque couvert de riches tapis, chargé d'une tour, semblable aux minarets d'une pagode, l'éléphant apporte quelque pieux monarque aux débris de ces temples qu'on trouve dans la presqu'île des Indes, sa masse, les colonnes de ses pieds, sa figure irrégulière, sa pompe barbare, s'allient avec cette architecture colossale, formée de quartiers de roches entassés les uns sur les autres : la bête et le monument en ruine semblent être deux restes du temps des géants. »

On conçoit quels auxiliaires terribles pouvaient être autrefois dans les batailles ces animaux énormes, qui ne résisteraient pas aujourd'hui à l'artillerie, mais contre la peau desquels venaient bien souvent se briser les armes d'alors. Les éléphants, souvent enivrés avec du vin, étaient lancés dans les rangs de l'ennemi, et faisaient au milieu des hommes et des chevaux, avec leurs dents, leurs trompes et leurs pieds, des ravages épouvantables. Tombaient-ils, c'était encore en écrasant quelque ennemi.

Le prestige des éléphants était si grand, et l'avantage de ceux qui en avaient était si marqué, qu'on vit des princes qui n'en possédaient pas, en faire construire en charpente, soit pour habituer leurs propres troupes à la vue des monstres, soit pour faire croire à leurs adversaires qu'ils en possédaient réellement.

La fierté des Romains dédaigna cependant de pareils artifices ; ce fut ouvertement et à force de courage qu'ils voulurent triompher de l'éléphant. Plus d'une fois on vit chez eux de simples soldats, se dévouant pour le salut

commun, se mesurer avec ces terribles adversaires et être
assez heureux pour les terrasser. Ils ne furent cependant
pas les seuls à montrer tant d'héroïsme.

On connaît la résolution magnanime que prit et exécuta
Eléazar dans les gorges de Bethzacharah [1]. Apercevant au
milieu de la bataille un grand éléphant chargé de la tour
du roi Antiochus Eupator, le généreux Machabée se fait
jour à travers les ennemis, et espérant terminer la guerre
d'un seul coup, il se glisse sous le ventre de la bête et y
enfonce son épée. C'était sans doute la seule partie vul-
nérable du corps de cet animal qui était bardé de fer. Mais
ce trait coûta la vie au courageux Israélite, qui fut écrasé
par la chute de son lourd adversaire.

C'est ici que doit naturellement trouver place le récit
d'un trait de présence d'esprit tellement étonnant, que s'il
n'était attesté par un historien grave et sérieux, on serait
tenté de le traiter de fabuleux.

A la bataille de Thapsus, un éléphant exaspéré par les
blessures qu'il avait reçues s'était jeté sur un soldat de
l'armée romaine et le foulait aux pieds; un vétéran de
la cinquième légion accourut aux cris du malheureux, et
il se disposait à frapper l'animal, lorsque celui-ci le saisit
lui-même avec sa trompe et le soulève en l'air; mais le
vieux soldat ne perdit pas la tête; il se hâta de tirer son
épée, et en donna tant de coups à la trompe dont il était
entouré, que l'éléphant, vaincu par la douleur, abandonne
enfin sa proie et s'enfuit en poussant des cris épouvantables.

On avait même vu quelquefois, dans l'histoire romaine
antérieure, un de ces animaux abattu par un seul homme
en combat singulier. Annibal se donnait souvent le plaisir
barbare de faire combattre les prisonniers romains les uns

<hr>

[1] Voy. Machab. l. 6, ỳ. 44.

contre les autres jusqu'à extermination ; il arriva un jour
qu'un seul de ces malheureux survécut à cette terrible
épreuve sans avoir reçu aucune blessure. Annibal le fit
exposer à un éléphant, et lui promit la vie et la liberté s'il
parvenait à le tuer. Amené au milieu de l'arène, sous les
yeux d'une multitude féroce et avide de sang, le soldat tua
l'animal, au grand regret du général carthaginois, qui com-
prit aussitôt que la vue de cet homme et la renommée de
sa victoire pouvaient encourager les Romains à combattre
les éléphants et leur ôter une partie de la terreur que leur
causaient ces animaux. Il ajouta donc la perfidie à la cruauté,
et après l'avoir laissé partir, il le fit poursuivre par des
cavaliers qui l'assassinèrent en route.

On a lieu sans doute de s'étonner qu'un animal aussi fort
et aussi puissamment organisé ait pu être terrassé par un
seul homme et quelquefois d'un seul coup ; il y eut cependant des exemples de faits semblables, même dans le
cirque et dans l'amphithéâtre sous les yeux du peuple
romain. Pompée y exposa une fois vingt éléphants qui
combattirent contre des Gétules armés de piques. Un de
ces Africains eût l'adresse d'enfoncer sa pointe dans l'œil
d'un de ces animaux qui tomba raide mort, le coup ayant
pénétré jusqu'au fond du crâne.

Le succès du Gétule ne fut cependant pas plus grand que
celui d'un des éléphants qui excita surtout l'étonnement
du peuple, au dire de Pline [1], qui raconte avec un soin
minutieux toutes les perplexités de ce combat. La bête, les
yeux percés de traits, s'avança en se traînant sur les genoux
contre ses ennemis, arrachant leurs boucliers et les jetant
en l'air. Ces boucliers, qui tournoyaient en retombant,
faisaient un grand plaisir aux spectateurs, comme si c'eût été
un tour d'adresse et non un effet de la fureur de l'animal.

---

[1] *Hist. nat.* VIII, 7.

Cependant ce combat faillit être funeste aux spectateurs; car les éléphants, devenus furieux, essayèrent de forcer la grille derrière laquelle se tenait le peuple. Pour éviter que pareille scène se renouvelât, on fit creuser un fossé rempli d'eau autour de l'arène.

Les combats contre les éléphants n'en furent cependant pas moins courus par la population de Rome; et plus tard, quand un gladiateur voulait renoncer à cette vie étrange qui l'exposait chaque jour à être tué par un ami ou dévoré par une bête féroce, il devait, comme dernier exploit, combattre un éléphant seul à seul. C'était la dernière épreuve que l'on exigeât de lui.

Commode lui-même, ce gladiateur couronné, tua un jour au milieu du cirque, d'un seul coup de lance, un de ces animaux.

Le vieux Claude avait voulu emmener des éléphants dans une expédition qu'il préparait contre la Grande-Bretagne; mais il paraît que l'art de les dresser à l'art de la guerre était perdu, et l'on fut forcé d'y renoncer. Les éléphants ne figurent donc, à partir de cette époque, que dans les réjouissances et les grandes cérémonies de la Rome impériale; c'étaient des jouets dignes du peuple roi.

Déjà quand César triompha de l'Afrique, on avait vu le dictateur s'avancer vers le Capitole à travers des décorations qui rappelaient le pays conquis, et précédé par quarante éléphants rangés sur deux files et portant d'énormes flambeaux dans leurs trompes.

Parmi les spectacles dans lesquels parurent les éléphants, les plus étonnants furent ceux que donna Germanicus. Ces animaux y exécutèrent des tours presque incroyables. Non-seulement on les vit faire des armes et danser, mais ils donnèrent des représentations burlesques et jouèrent de véritables pantomines. Douze éléphants parurent dans l'arène, accoutrés d'une manière bizarre, et avec des costumes d'acteurs dramatiques, les uns en hommes, les autres en femmes, tantôt en rond, tantôt se divisant par parties. D'autres furent dressés à marcher par groupes de quatre, dont chacun portait dans une litière un cinquième éléphant qui contrefaisait un malade. Ils allèrent ensuite se coucher autour de tables qu'on leur avait dressées, en passant au milieu des convives, à travers les lits sans les déranger, et ils prirent leur repas dans des plats d'or et d'argent avec une aisance grotesque qui excita au plus haut degré l'hilarité des spectateurs.

Mais l'épreuve la plus extraordinaire pour d'aussi lourds quadrupèdes, c'était de grimper sur un ou peut-être sur deux câbles tendus depuis le fond de l'arène jusqu'au sommet de l'enceinte, et, ce qui est encore plus surprenant, de revenir par ce périlleux chemin. On refuserait de croire à de semblables faits s'ils n'étaient attestés par des témoignages contemporains. Non-seulement les éléphants exécutèrent ce tour étonnant aux yeux de Germanicus, ils le répétèrent encore en d'autres occasions. Néron donna au peuple de semblables spectacles. Mais une chose peut-être plus incroyable encore, c'est qu'il y ait eu des hommes assez hardis pour se tenir sur ces animaux pendant qu'ils allaient et revenaient de cette manière. Un chevalier donna, il paraît, une semblable preuve d'intrépidité aux jeux célébrés par ordre de Néron.

Au moyen âge, les éléphants apparaissent entourés du même prestige que dans l'antiquité. En 801, le calife populaire entre tous, Haroun-al-Rashid, envoya à son rival en gloire et en puissance, Karl le Grand ou Charlemagne, un éléphant qui débarqua à Pise. Il était accompagné par des officiers de la cour du calife et par un juif du nom d'Isaac qui paraissait cumuler les fonctions de cornac et d'envoyé diplomatique du prince musulman. Mais, comme l'hiver était déjà avancé, ce ne fut que l'année suivante que l'éléphant, toujours conduit par le juif Isaac, arriva à Aix-la-Chapelle, où Karl le Grand tenait sa cour. On peut juger si ce rare quadrupède excita une grande admiration en Allemagne, et les chroniqueurs et annalistes du temps n'ont pas manqué d'en faire mention et de raconter en vers et en prose ce prodigieux événement.

Le calife, sans doute pour marquer le prix qu'il attachait à cet animal, lui avait donné le nom d'Aboul-Abbas, qui était celui de ses ancêtres. Mais l'éléphant ne vécut que huit ou neuf ans en Allemagne, et on ne manqua pas d'enregistrer avec un soin tout particulier la date de sa mort.

Frédéric II d'Allemagne, le grand empereur, avait ramené des croisades un éléphant. Saint Louis, roi de France, en ramena un autre qu'il donna au roi d'Angleterre Henri III, et qui n'excita pas moins la curiosité dans dans les îles Britanniques que ne l'avait fait l'éléphant de Karl le Grand sur les bords du Rhin.

A son tour, Emmanuël, roi de Portugal, envoya au pape Léon X, après les victoires que ses armées avaient remportées dans l'Inde, une ambassade solennelle avec de riches présents, parmi lesquels on remarquait un éléphant de quatre ans, d'une taille magnifique pour son âge, et auquel on avait donné le nom d'Hannon. Ce bel animal arriva à Rome au mois de mars 1514, et fit trois génuflexions en paraissant devant le Pape, ce qui excita au plus haut degré l'enthousiasme des Romains, et donna lieu à une foule de récits poétiques en latin et en italien. Une seule langue ne suffisait pas à l'enthousiasme.

Mais la suite ne devait pas tenir tout ce qu'avait promis ce magnifique début. On voulut faire figurer cet éléphant

dans les fêtes qui eurent lieu à l'occasion du mariage de
Julien de Médicis : on l'avait chargé d'une tour remplie de
monde ; mais à peine l'animal entendit-il le premier coup de
canon, qu'il se mit à fuir à travers la foule, et alla se
jeter dans le Tibre, au grand désappointement des hommes
qu'il portait. Une autre fois on voulut s'en servir pour le
triomphe burlesque du poëte *Baraballo*, qui, couronné de
lauriers et paré de la pourpre triomphale, devait partir du
Vatican pour monter au Capitole ; mais comme s'il eût été
mieux avisé que ceux qui le conduisaient, il refusa de se
prêter à cette parade ridicule, s'arrêta tout court sur le pont
Saint-Ange, et le poëte, à demi-mort de frayeur, en descendit au milieu des risées de la multitude.

De nos jours, c'est seulement aux Indes qu'on emploie
les éléphants et qu'on met à profit leur intelligence vraiment merveilleuse.

Nous pouvons signaler une singulière mode chez les
peuples de la presqu'île indienne, qui emploient les éléphants. Ils attachent la plus scrupuleuse attention à l'état
de sa queue, et c'est même une des particularités qui
décident principalement de la valeur de l'animal. Tous
les caprices de la mode des chevaux en Europe, qui font
attacher à telle ou telle qualité une valeur extraordinaire,
se retrouvent aux Indes pour les éléphants. Si un éléphant
a la queue courte, un Hindou ne le jugera même pas
digne de son attention, et les domestiques peuvent bien
être certains que ce sera là leur monture. Cependant ce
défaut n'est pas rare, à cause de l'habitude qu'ont les
éléphants de se prendre et de se tirer les uns les autres
par cet appendice qui cède parfois à leurs puissants efforts.

Pour convenir à un Hindou, la queue doit être forte à
l'origine, puis diminuer graduellement jusqu'à l'extrémité,
qui doit être fournie d'un double rang de soies, longues

d'un pied environ et disposées à peu près comme les barbes d'une plume. Un éléphant à queue pelée est une abomination pour un Indien qui a quelque goût, et c'est là un caprice dont savent fort bien profiter les Européens, qui s'inquiètent fort peu de tout cela, et trouvent dans ces prétendus défauts l'occasion d'acheter des bêtes à meilleur marché.

Les éléphants qu'on voit d'ordinaire sont tous d'une couleur foncée approchant le noir; il y en a cependant quelques rares spécimens qui sont d'un blanc jaunâtre. Les albinos, comme on les appelle, sont extrêmement rares, et quand on parvient à en prendre un, on l'estime un prix fabuleux.

Le roi d'Ava cherche en général à accaparer tous les éléphants blancs qu'on peut trouver, et en conséquence se décerne à lui-même parmi tous ses titres celui de « roi des éléphants blancs. » Quand on en prend un, on le fait aussitôt savoir au roi, qui immédiatement le réclame et se le fait envoyer. Lorsqu'il arrive, on fait de grandes réjouissances, et le roi envoie toute sa noblesse saluer l'éléphant blanc. Le roi n'a garde d'oublier un tel usage, parce que la mode est que chaque noble dépose aux pieds de l'animal, avec ses hommages, une somme qui n'est pas bien considérable il est vrai, mais que tant de monde apporte, que le trésor de Sa Majesté finit par en être considérablement enrichi.

Après cette cérémonie, chacun peut tourner autour de l'éléphant et le regarder à son aise. Toutefois il appartient personnellement au roi, et est logé dans les écuries du palais, si l'on peut appeler du nom d'écurie les appartements splendides qu'on lui destine.

Les éléphants blancs, regardés par les Siamois et les Péguans comme les rois de leur espèce, et auxquels ils

rendent un culte, ne sont en réalité que des albinos.
Le R. P. Couplet, jésuite, procureur des missions de la
Chine, a donné une gravure curieuse représentant l'éléphant de Siam et le chef des bonzes, et au-dessous de
laquelle se lit une courte légende dont voici le sens :
« Xe-Kiam, chef des bonzes, est le Xaca des Japonais.
On dit que sa mère, ayant vu un éléphant blanc, porta
son fils dix-neuf ans et mourut pendant l'enfantement. Son
fils crut devoir se retirer du monde pour faire pénitence ;
il étudia sous quatre maîtres et enseigna quarante-neuf ans.
Il entra dans la Chine soixante-trois ans après la naissance
de J.-C. »

On lit, dans le journal de l'ambassade à Siam, de l'abbé
de Choisy, qu'il vit, au milieu de la seconde cour du
palais du roi, un éléphant blanc qui avait coûté la vie à
cinq ou six cent mille hommes dans les guerres de Pégou.
« Il est assez grand, dit-il, fort vieux, ridé, et a les
yeux plissés. Il y a toujours auprès de lui quatre man-
darins avec des éventails pour le rafraîchir, des feuillages
pour chasser les mouches, et des parasols pour le garantir
du soleil quand il se promène. On ne le sert qu'en vais-
selle d'or ; et j'ai vu devant lui deux vases d'or, l'un
pour boire et l'autre pour manger. On lui donne de l'eau
gardée depuis six mois, dans l'opinion que la plus vieille
est la plus saine. On dit, mais je ne l'ai pas vu, qu'il
y a un petit éléphant blanc tout près à succéder au vieillard
quand il viendra à mourir. »

Dans un autre passage, l'abbé de Choisy rapporte en
ces termes la cause et les suites des guerres de Pégou.
« Le roi de Pégou ayant appris que le roi de Siam avait
sept éléphants blancs, lui en envoya demander un : on
refusa net. Il renvoya et menaça de le venir quérir lui-
même à la tête de deux millions d'hommes : on se moqua

de ses menaces. Il vint , assiégea longtemps la ville de
Siam, la força, n'entra pourtant pas dans le palais du
roi, fit dresser deux théâtres égaux à la porte du palais,
l'un pour lui et l'autre pour le roi de Siam ; et là , en
grande cérémonie, fit des demandes qui étaient autant de
commandements. Il demanda d'abord six éléphants blancs
qui lui furent livrés. Il dit avec beaucoup d'affection au roi
de Siam, qu'il aimait son second fils , et qu'il le priait
de le lui remettre entre les mains pour avoir soin de son
éducation.

» Ainsi, avec beaucoup de civilité, il prit tout ce qu'il
voulut, et retourna à Pégou avec des richesses immenses
et un nombre infini d'esclaves. »

La vénération des Siamois pour les éléphants blancs ne
paraît pas être moindre aujourd'hui qu'au dix-septième
siècle ; on leur rend les mêmes honneurs. « Chacun de
ces éléphants, dit un voyageur moderne, a une étable
séparée et dix gardiens pour domestiques. Leurs défenses
sont garnies de clochettes d'or ; une chaîne à mailles d'or
leur couvre aussi le sommet de la tête, et un petit coussin
de velours brodé est fixé sur leur dos. Ils portent tous le
titre de rois, et on les distingue entre eux par des surnoms
qu'ils doivent à leur beauté, à leur taille, ou à certains traits
de leur caractère. »

Les Rhinocéros

« C'est le 4 juin, dit Gordon Cumming dans son intéressante relation , que, pour la première fois , je me
trouvai en présence d'un rhinocéros. C'était une femelle
blanche accompagnée de son petit. Tous deux broutaient

au bord d'un épais fourré. Comme ils étaient sous le vent, ils flairèrent bientôt ma présence et s'enfoncèrent plus avant, le petit marchant le premier, comme c'est toujours l'usage, et la mère le suivant, sa corne longue de trois pieds placée entre les jambes de son enfant. Mon cheval fut tout d'abord déconcerté et fort effrayé de cette apparition; il avait envie de fuir; mais je l'arrêtai bien vite en lui faisant sentir le mors et en lui donnant dans les flancs un vigoureux coup d'éperon. Il lui fallut suivre ce gibier nouveau pour lui; et comme le terrain devenait un peu plus favorable, je tirai au galop et mis une balle dans l'épaule de la mère : elle continua cependant sa marche, quoique le sang coulât avec abondance de sa plaie, et elle eut bientôt joint un taillis inextricable, où elle disparut avec son petit et où je perdis leurs traces.

» Peu de temps après cela, je fis la rencontre d'un rhinocéros noir, à trente mètres duquel je m'étais approché sans le savoir. Quand je le vis avancer vers moi, je compris qu'une balle tirée sur lui de tête ne lui ferait pas grand mal. Je m'élançai, rapide comme l'éclair, derrière un buisson. Le monstre chargea aussitôt de ce côté, soufflant bruyamment et me chassant tout autour. Si sa rapidité eût été égale à sa fureur, mes aventures se seraient très-probablement terminées là; mais mon agilité et ma prestesse me donnaient dans cette lutte un avantage marqué.

» Après s'être arrêté un instant à me regarder à travers le buisson, il aspira mes émanations que lui amenaient le vent, et qui sans doute lui donnèrent l'alarme; car soufflant de nouveau et dressant son insignifiante queue, comme d'un air impertinent, il s'en retourna me laissant maître du champ de bataille, »

Il y a quatre variétés de rhinocéros dans le centre de

l'Afrique, que les Béchnanas désignent par les noms de :
borélé ou rhinocéros noir, — *keitloa* ou rhinocéros noir à
deux cornes, — *muchocho* ou rhinocéros blanc commun,
— *kobaoba* ou rhinocéros blanc à longues cornes.

Les deux variétés de rhinocéros noirs sont extrêmement
sauvages et dangereuses. Elles s'élancent tête devant, et
sans qu'on les provoque, sur tout ce qui attire leur atttention. Ces animaux ne deviennent jamais très-gras, leur
chair est dure et assez peu estimée des Béchnanas. Ils se
nourrissent presque axclusivement de ronces ou de branches
épineuses. Leurs cornes sont beaucoup plus courtes que
celles des autres variétés, n'excédant guère dix-huit pouces
en longueur; elles sont aussi toujours admirablement polies,
l'animal les aiguisant sans cesse contre les arbres. La tête
est curieusement conformée et offre surtout un développement énorme des os qui sont au-dessus des narines. C'est
cette masse qui supporte la corne. Celle-ci n'est pas unie
au crane comme chez beaucoup d'animaux, elle ne tient
qu'à la peau, et on peut l'enlever avec un simple couteau.
Elle est dure, partout également solide, et c'est une matière admirable pour faire une quantité d'ustensiles divers,
tels que gobelets, maillets, etc. On peut toujours lui donner
un très-beau poli.

Le rhinocéros se sert de cette arme terrible pour combattre
les éléphants et parvient quelquefois à les éventrer. En Asie,
où il y a aussi des rhinocéros, et surtout dans le royaume
de Siam, ces cornes ont un grand prix, les rois s'en font des
coupes, et on les regarde même comme si précieuses, que,
parmi les présents envoyés à Louis XIV par le roi de Siam,
il se trouvait, dit Buffon, six de ces cornes.

Le caractère du rhinocéros est triste, brusque, sauvage
et à peu près indomptable. Il vit solitairement dans les bois,
à proximité des rivières, où il aime à aller se vautrer dans

la vase. Il se nourrit de feuilles et de racines, qu'il saisit très-facilement avec sa lèvre supérieure, pointue et recourbée comme le bec d'un perroquet. Lorsqu'il est paisible, sa voix est faible, sourde, et a quelque analogie avec le grognement d'un cochon; mais lorsqu'il est irrité, il jette des cris aigus qui retentissent au loin.

Aussi capricieux que stupide, le rhinocéros passe subitement, sans cause et sans transition, du plus grand calme à la plus grande fureur. Alors cette pesanteur, cette lourde paresse fait place à une légèreté effrayante; il bondit à droite et à gauche par des mouvements brusques et désordonnés; puis il s'élance devant lui, renverse et foule aux pieds tout ce qui se trouve sur son passage, en poussant des cris d'une acuité effrayante. Dans ces paroxismes de fureur, que rien ne semble motiver, souvent on voit le rhinocéros noir labourer le sol avec sa corne, et s'élancer tout en colère dans des taillis et des fourrés. Il les dévaste à coup de corne, arrachant tout, brisant tout; il fait alors entendre une sorte de ronflement sonore, et ne s'arrête que quand tout n'est plus que débris autour de lui.

Les yeux du rhinocéros sont petits et étincelants; mais il ne fait réellement attention au chasseur que lorsque celui-ci est sous le vent. Sa peau est extrêmement épaisse et ne se laisse pas traverser par les balles ordinaires, il faut les durcir en mêlant au plomb un peu d'étain. Pendant le jour, on trouve généralement le rhinocéros endormi. Quelquefois il reste debout immobile, dans une attitude paresseuse et nonchalante, ou bien c'est dans les bois, ou bien c'est au pied de quelque montagne, qu'il se repose ainsi, préservé des rayons trop ardents du soleil par le feuillage vert des mimosas.

Le soir ils commencent leur course vagabonde, errant

à travers de grandes étendues de pays. C'est la nuit qu'ils visitent les fontaines entre neuf heures et minuit, et c'est là aussi qu'on peut les chasser avec le plus de succès et le moins de danger.

Les deux variétés de rhinocéros noirs aiment également à se rouler et à se vautrer dans la boue et la vase. Celle-ci s'attache à leur peau et leur fait comme une seconde cuirasse. Ces deux variétés sont beaucoup plus petites et infiniment plus actives que les blanches; leur agilité est telle, qu'un cheval, avec son cavalier en selle, ne peut pas toujours les atteindre à la course, ou leur échapper si la bête se tourne contre eux.

Les deux variétés blanches se ressemblent tellement par leurs habitudes, qu'en en décrivant une c'est les faire connaître toutes deux. La principale différence entre elles réside dans la longueur et la direction de leur corne de devant. Celle du *muchocho* mesure de deux à trois pieds de longueur et regarde en arrière; pendant que la corne du *kabaoba* a souvent plus de quatre pieds de long et s'incline en avant en formant avec la tête un angle de près de quarante-cinq degrés. Quant à la corne de derrière, elle excède rarement, soit dans une espèce, soit dans l'autre, six ou sept pouces.

Le kobaoba est le plus rare des deux; on ne le trouve que très-loin dans l'intérieur, surtout à l'est du cours du Limpopo. On fait avec ses cornes d'excellentes baguettes de fusil.

Ces deux espèces atteignent une grandeur énorme et sont, après les éléphants, les plus gros des animaux qui foulent la terre. Ils ne se nourrissent que de gazon, deviennent très-gras, et fournissent une chair excellente, qui est même préférable au bœuf. Ils sont d'un caractère infiniment plus doux et infiniment moins redoutable que les rhinocéros

noirs ; il est très-rare qu'ils s'élancent sur le chasseur. **Leur**
marche est aussi bien moins rapide, et quand on est bien
monté, il n'est pas difficile de les atteindre et de les
tuer. Ils ont aussi la tête d'un pied plus longue que le
borélé. Ils la portent généralement basse, pendant que celui-
ci, surtout quand on l'inquiète, la relève fièrement et la
porte haute.

Jamais ils ne forment d'association entre eux et ne se
réunissent pas, comme les éléphants, en troupes nombreuses.
On ne les rencontre le plus souvent que seuls ou par
couples. Dans les districts où ils sont très-abondants, on
en voit quelquefois trois ou six aller de compagnie, on en
a même vu jusqu'à douze paître ensemble dans la même
prairie ; mais ce sont là des cas fort rares et tout à fait
exceptionnels.

On conçoit que cette vivacité qui s'empare du rhinocéros, soit quand un caprice lui passe par l'esprit, soit
au moment du danger, rende sa chasse très-périlleuse.
Aussi n'ose-t-on l'attaquer que monté sur les chevaux
les plus vifs et les plus légers. Les chasseurs, dès qu'ils
l'ont aperçu, le suivent de loin et sans bruit, jusqu'à
ce qu'il soit couché pour dormir. Alors ils s'approchent
sous le vent, car le rhinocéros à l'odorat très-fin et
flaire de très-loin l'approche de son ennemi quand le vent
lui apporte ses émanations. Parvenus à la portée du fusil,
ils font feu, puis lancent leur monture de toute leur
vitesse, s'ils voient l'animal se relever, car s'il n'est que
blessé, il se jette avec rage sur ses agresseurs, et malheur à eux s'il parvenait à les atteindre. Mais, comme
sa course est toujours en ligne droite, au moyen de
quelques écarts prompts qu'ils font faire de côté à leurs
chevaux, ils parviennent à éviter sa rencontre, et d'autant plus aisément que le rhinocéros, ainsi que le san-

glier, ne se détourne jamais de sa course et ne revient
point sur ses pas [1].

On peut se former une idée de la force du rhinceéros,
même après qu'il a été grièvement blessé, par la relation
que nous a donné Bruce le voyageur, d'une chasse à cet
animal, dont il a été témoin dans l'Abyssinie.

« Nous étions, dit-il, à cheval dès la pointe du jour,
et à la poursuite des rhinocéros que nous avions entendu
plusieurs fois pousser un très-profond soupir et un cri
perçant. Un grand nombre d'*agagéers* vinrent nous joindre, et après avoir fouillé pendant environ une heure
le plus épais du bois, un de ces animaux s'élança avec
la plus grande violence et traversa la plaine pour aller
rejoindre un bois de bambous éloigné d'environ une
demi-lieue.

» Quoiqu'il trottât avec une vitesse surprenante relativement à son énorme grosseur, il fut atteint de trente à
quarante javelots, qui le jetèrent dans un tel désordre, qu'il
renonça au projet d'aller gagner ce bois, et alla se fourrer
dans un fossé ou ravin très-profond et sans issue, dont
l'entrée était si étroite qu'il ne put s'y introduire sans
rompre plus de douze javelots dont il était percé. Là, nous
le crûmes pris comme dans une trappe, car il avait à peine
de la place pour se retourner.

» Un de nos gens qui avait un fusil, le tira à la tête,
et l'animal tomba sur le coup. Nous nous imaginâmes
qu'il était mort. Tous ceux qui étaient à pied montèrent
aussitôt sur lui avec leurs couteaux à la main pour le
dépecer; mais ils eurent à peine porté le premier coup,
que l'animal recouvra assez de force pour se lever sur
ses genoux. Bien en prit à ceux qui s'enfuirent, et si
l'un des *agagéers*, qui s'était lui-même engagé dans le

[1] Boitard.

ravin, ne lui eût point coupé le tendon du talon, les
chasseurs à pied eussent passé un fort mauvais quart
d'heure.

» Lorsqu'on l'eût mis à mort, je voulus voir la plaie
qu'avait faite le coup de fusil pour produire un effet aussi
violent sur ce monstrueux animal. Je me figurai que c'était
dans la cervelle ; mais la balle n'avait frappé que la pointe
de la corne de devant, dont elle avait enlevé environ un
pouce, et il en était résulté une commotion qui l'avait étonné
pendant l'espace d'une minute. Mais le sang qu'il avait rendu
par les blessures des javelots, lui avait fait aussitôt reprendre ses sens. »

Le premier rhinocéros qu'on trouve mentionné dans
l'histoire, parut au triomphe de Ptolémée Philadelphe,
un des successeurs d'Alexandre, et on le fit même marcher le dernier de tous les animaux qui ornaient le cor-
tége, sans doute parce qu'il était le plus rare et le plus
curieux.

Ce fut Pompée qui amena pour son triomphe le premier
rhinocéros qui parût en Europe, et le peuple romain fut
grandement étonné.

Auguste, quand il vint triompher de Cléopâtre, ne
voulut pas rester en arrière, et en montra un autre qu'il
fit même tuer au cirque dans un combat avec un hippopotame.

Dans la suite, d'autres parurent à Rome, et même des
rhinocéros à deux cornes, qu'on regarda comme si curieux, qu'on les grava sur les médailles et sur les monuments.

Après cela, on n'entend plus parler de rhinocéros jusqu'en l'année 1513, époque où on en envoya un des
Indes au roi Emmanuël. Le célèbre graveur Albert Durer,
qui le vît, en fit même un très-fantastique portrait, où

l'imagination de l'artiste ajoutait beaucoup aux formes déjà singulières de l'animal exotique. Le monarque qui possédait cette curiosité crut avoir là une belle occasion de faire sa cour au Pape et lui envoya son rhinocéros. On le mit donc sur un petit bateau ; mais, pendant la traversée, la bête fut prise d'un de ces accès subits de fureur qui lui sont si familiers, et sans doute le trouble de l'équipage aidant, la barque chavira, et le rhinocéros fut noyé avec une partie des matelots.

Il vit encore en ce moment à la ménagerie du jardin zoologique de Londres, un rhinocéros qui ne dément en rien sa race. Il a fallu disposer pour lui une loge d'une construction toute spéciale, et offrant dans chacun des coins des sortes d'abris où le gardien qui soigne l'animal peut se réfugier, et d'où il peut sans danger regagner l'extérieur, quand par hazard son pensionnaire s'emporte, ce qui arrive encore assez souvent. Ces précautions ont malheureusement été prises trop tard, et au commencement du séjour de l'animal dans la ménagerie, il avait écrasé, sans raison et sans façon, son gardien, entre son corps et la muraille.

Les Hippopotames

L'hippopotame est, après l'éléphant et le rhinocéros, le plus grand des mammifères quadrupèdes. Son espèce est confinée dans les régions les plus chaudes de l'ancien continent ; et comme on ne le trouve que dans les rivières et les lacs d'une assez grande profondeur pour qu'il puisse y plonger et s'ébattre suivant ses habitudes, il est assez

rare partout. Autrefois il était très-commun en Egypte,
aujourd'hui il a presque complétement disparu. Ce n'est
plus que dans la Nubie, vers le Darfour, dans la partie
supérieure du cours du Nil, que ces animaux se sont
maintenus en assez grand nombre pour exercer leurs ravages dans les cultures riveraines, et imposer aux culti-
vateurs l'obligation d'écarter de leurs champs ces incom-
modes voisins. On les rencontre encore sur les bords du
Niger et dans la partie méridionale de l'Afrique.

L'hippopotame a la peau très-épaisse, très-dure, et elle
est imperméable, à moins qu'on ne la laisse longtemps
tremper dans l'eau. Sa grosseur est énorme, il atteint
quelquefois onze pieds de long sur dix de circonférence.
Ses formes sont massives, ses jambes courtes, et son
ventre traîne presque à terre. Sa gueule est énormément
grande; elle est munie de canines énormes, longues quelquefois de plus d'un pied, et pesant parfois douze à treize
livres chacune.

Avec d'aussi puissantes armes et une force prodigieuse
de corps, l'hippopotame pourrait se rendre redoutable à tous
les animaux; mais il est naturellement doux, et d'ailleurs
il est si pesant et si lent à la course, qu'il ne pourrait
attaquer aucun quadrupède.

Cet animal est farouche, rebelle à toute éducation, grossier et stupide.

Protégé par un cuir d'une excessive dureté, sa chasse
présente autant de difficulté que de dangers, et au Cap
elle est interdite par les Anglais, dans le but de sauver
l'espèce d'une destruction imminente.

Ce pachiderme farouche et stupide vit sur les bords des
fleuves, se vautre dans leur limon, ou plonge au fond
quand cela lui plaît ou que le danger le menace; il marche
sous l'eau avec plus de vélocité que sur la terre, ou nage

à sa surface, en laissant seulement ses naseaux en dépasser le niveau pour respirer.

Quoi qu'on en ait dit, il paraît qu'il ne poursuit pas les embarcations ni les hommes quand on ne l'inquiète pas ; et Dampier rapporte à ce sujet qu'une chaloupe fut renversée sur la côte de Loango par le dos d'un hippopotame, et que celui-ci ne fit aucun mal aux hommes qui tombèrent dans la mer. Mais quand on l'attaque ou qu'il est blessé, il s'élance sur les canots, mord les bordages et met en danger ceux qui s'y trouvent. Ruppell dit que dans un cas semblable un de ces mammifères enleva sous le Nil une petite embarcation, l'y brisa complétement, et que les marins qui la montaient coururent les plus grands dangers en se sauvant.

Son cri est une sorte de hennissement qui a beaucoup d'analogie avec celui du cheval : c'est ce qui lui a valu son nom d'hippopotame, ce qui signifie cheval de rivière.

L'hippopotame passe tous les jours dans l'eau et n'en sort que la nuit pour aller paître sur le rivage, dont il ne s'éloigne jamais beaucoup, car il ne compte guère sur la rapidité de sa course pour regagner en cas de danger son élément favori.

Il se nourrit de racines, de joncs, de nénuphar, d'herbes qu'il arrache ou coupe avec sa robuste denture ; lorsqu'il trouve à sa portée des champs de canne à sucre, de riz et de millet, il fait alors de grands dégats, car sa consommation est énorme. On a prétendu qu'il mangeait aussi du poisson, mais ce fait est entièrement controuvé.

L'hippopotame préfère pour son habitation l'embouchure des fleuves, et c'est la présence de l'homme qui le fait fuir et remonter dans les eaux douces. Sans quitter les endroits marécageux et les bords des lacs, il n'est cependant pas sédentaire, car souvent on le voit apparaître dans des pays où il ne s'était pas montré depuis longtemps. Sa manière de voyager est très-simple, très-commode et peu fatiguante : le corps entre deux eaux, ne montrant à la surface que les oreilles, les yeux et les narines, il se laisse tranquillement emporter par le courant, en veillant cependant aux dangers qui pourraient le menacer : il dort ainsi doucement porté par les ondes.

Quoi qu'en disent les voyageurs, l'hippopotame n'aime pas l'eau salée et se trouve rarement dans la mer. Mais comme il se laisse souvent entraîner par le courant jusqu'à l'embouchure des fleuves et aussi loin que l'eau reste douce, on a pu l'y rencontrer, et prendre par erreur son séjour accidentel et momentané pour sa demeure habituelle.

La chair de cet animal est délicate, et les habitants des pays fréquentés par ces animaux en font un grand cas : aussi leur font-ils la chasse et pour empêcher leurs dégats, et pour se procurer leur chair, et pour en avoir les dents, dont l'ivoire sert dans le commerce à confectionner des objets d'arts. Préféré à celui que donne l'éléphant, cet ivoire est connu généralement sous le nom d'ivoire d'hippopotame ou d'ivoire d'éléphant de rivière.

Cet amphibie disgracieux de formes a été adoré chez certains peuples, et en horreur chez d'autres : ainsi, à Hermopolis, on le regardait comme le symbole de Typhon ou le génie du mal, et on le mettait à mort ; à Papremis, au contraire, on lui dressait des autels.

La chasse à l'hippopotame, décrite par M. Rüppell, expose les chasseurs à autant de périls que s'ils avaient affaire à un tigre ou à un lion. Pour ne pas s'exposer à perdre l'animal, qui se jette dans la rivière dès qu'il se sent blessé, il est indispensable de suivre ses mouvements

dans l'eau ; mais les chasseurs nubiens sont venus à bout
de cette difficulté. L'arme avec laquelle ils commencent
l'attaque est une lame de fer bien tranchante terminée en
pointe aigue, et qui, lancée par un bras vigoureux, entre
dans les chairs après avoir traversé la peau très dure et
très épaisse de l'hippopotame. A l'autre extrémité de cette
lame ou harpon, on attache une longue corde que l'on
termine par un flotteur en bois léger.

Les chasseur tient le harpon dans la main droite avec
une partie de la corde déployée, et dans sa main gauche
le reste du cordage et le flotteur.

Pendant le jour l'hippopotame dort volontiers au soleil
s'il trouve une petite île où il se croic en sûreté. Quand
ses retraites sont connues, on peut le surprendre à l'entrée
de la nuit au moment où il se dispose à chercher sa nourriture dans les champs cultivés. Les chasseurs préfèrent
les attaques de jour, et ils ont de bonnes raisons pour
ne tenter celles de nuit qu'avec les plus grandes précautions.

Dès que l'animal est découvert, le harponneur s'approche
jusqu'à la distance de six à sept pas au plus, et lance le
trait fatal. Le blessé plonge aussitôt, entraînant avec lui
le fer, la corde et le flotteur. Si le chasseur n'a pas su
déguiser son approche, ou s'il n'a pas frappé assez juste
ou assez fort, sa vie est en grand danger.

Quoique la première attaque soit ordinairement déci-
sive, il est rare qu'il ne faille pas porter de nouveaux
coups à un animal aussi robuste et qui se défend en désespéré. Comme il faut qu'il revienne de temps en temps
à la surface pour respirer, on saisit ce moment pour
lancer de nouveaux harpons, multiplier ses blessures et
l'affaiblir par la perte de son sang. Il succombe à la fin,
et les chasseurs n'ont plus qu'à faire la curée. Quelque-

fois l'animal qu'ils ont pris est d'un poids si considérable, qu'ils sont dans la nécessité de le dépecer dans l'eau même, pour réunir ensuite dans leurs bateaux ces masses de chair qu'ils n'auraient pu soulever sans les diviser. Un hippopotame est ordinairement du poids de quatre ou cinq bœufs.

La peau de cet animal est si dure, que le meilleur moyen pour les tuer n'est pas de les tirer avec des balles de plomb, mais de les harponner comme on le fait en Nubie, ou de charger les mousquets avec des lingots de fer.

D'autres manières sont employées pour se procurer cet animal. Quelquefois on se cache dans un épais buisson, sur le bord d'une rivière, fort près de l'endroit où il a l'habitude de sortir de l'eau, ce que l'on reconnaît à la trace de ses pas. On a soin de se placer sous le vent et de ne pas faire le moindre bruit, et il arrive parfois qu'il passe sans défiance auprès du chasseur qui, d'un coup de fusil, lui envoie une balle dans la tête et le tue raide. Si l'on manque la tête, ou s'il n'est que blessé, il est perdu pour le chasseur, parce qu'il se jette dans l'eau et ne reparaît plus.

Les nègres, et particulièrement les Hottentots, le chassent d'une autre manière. Quand ils ont reconnu le sentier qu'il suit habituellement en sortant de l'eau et en y entrant, ils creusent une fosse large et profonde sur ce chemin; ils la couvrent avec des baguettes sur lesquelles ils étendent des feuilles et du gazon. L'animal sans méfiance s'avance comme à son habitude et manque rarement d'y tomber : on le tue alors sans danger à coups de fusil et de lances.

Les Chevaux

« La plus noble conquête, dit Buffon, que l'homme ait jamais faite, est celle de ce fier et fougueux animal qui partage avec lui les fatigues de la guerre et la gloire des combats. Aussi intrépide que son maître, le cheval voit le péril et l'affronte ; il se fait au bruit des armes, il l'aime, il le cherche et s'anime de la même ardeur. Il partage aussi ses plaisirs : à la chasse, aux tournois, à la course, il brille, il étincelle.

» Docile autant que courageux, le cheval ne se laisse pas emporter à son feu ; il sait réprimer ses mouvements. Non-seulement il fléchit sous la main de celui qui le guide, mais il semble consulter ses désirs, et obéissant toujours aux impressions qu'il en reçoit, il se précipite, se modère ou s'arrête, et n'agit que pour y satisfaire. C'est une créature qui renonce à son être pour n'exister que par la volonté d'un autre, qui sait même la prévenir ; qui, par la promptitude et la précision de ses mouvements, l'exprime et l'exécute ; qui sert autant qu'on le désire, et ne rend qu'autant qu'on veut ; qui, se livrant sans réserve, ne se refuse à rien, sent de toutes ses forces, s'excède et même meurt pour mieux obéir. »

On a exagéré l'intelligence et l'affection du cheval pour l'homme, et on l'a classé sous ce rapport, immédiatement après le chien et l'éléphant, mais à tort ; car son intelligence consiste presque uniquement en une obéissance passive, et son affection, qui le fait hennir de plaisir à l'approche de son maître, disparaît promptement.

Le chien qui a perdu son maître le cherche de tous côtés; il languit, se désespère; il affronte les plus grands dangers pour le sauver, et quelquefois meurt de chagrin sur sa tombe. Le cheval, au contraire, dès qu'il ne voit plus son maître l'oublie bien vite, et s'il voit un troupeau de chevaux sauvages, il cherche à reconquérir sa liberté pour aller errer librement avec eux.

Les chevaux sont originaires des régions chaudes ou tempérées de l'ancien continent; ce sont des animaux dont les sens sont généralement très-délicats.

Le cheval ordinaire paraît originaire des immenses plaines de l'Asie centrale; mais l'homme, par ses conquêtes ou ses relations commerciales, l'a transporté dans toutes les parties du monde. Il n'en existait pas en Amérique dès qu'elle fut découverte; mais quelques-uns de ceux qui y furent introduits, s'étant trouvés libres, s'y multiplièrent d'une manière extraordinaire, et on en trouve des troupes de plus de dix mille, qui manœuvrent en colonnes que la puissance humaine ne peut rompre et qui tournent autour des caravanes pour embaucher les montures qui s'y trouvent. A la vue de celles-ci, ils poussent de longs hennissements par lesquels ils semblent inviter les chevaux domestiques à les suivre, et souvent il arrive qu'ils parviennent à les y décider en éveillant en eux l'instinct de la liberté.

On dompte très-facilement les chevaux libres que l'on rencontre en différentes régions du globe. Dans plusieurs provinces de l'Amérique, on n'en emploie pas d'autres, et quand les habitants en ont besoin, ils vont en saisir quelques-uns à l'aide des lacets, dans les vastes pampas où ils résident, et en fort peu de temps ces animaux sauvages s'accoutument aux exigences de la domesticité.

Les chevaux sont courageux, et ils se défendent si bien

des carnassiers, que rarement on les voit périr par leurs
dents ; si ceux qui les attaquent sont redoutables, leur
troupe se concentre sur un même point, et les individus
qui la composent dirigent tous leurs têtes vers le centre du
groupe : tandis qu'ils ruent d'une manière terrible du côté
de l'ennemi qui les menace, ils se disposent d'une manière
opposée aux bœufs, qui ne présentent à l'ennemi commun
qu'une rangée de cornes. Si, au contraire, l'agresseur
est faible, tous les chevaux se dispersent et forment un
grand cercle qui se rétrécit de plus en plus et dans lequel
se trouve cerné de toutes parts l'agresseur.

La noblesse du cheval, ainsi que les services qu'il rend
à l'homme, a fait qu'on lui a accordé dans tous les temps
des facultés élevées. Comme témoignage de l'attachement
et du zèle de cet animal, on cite l'ardeur que déployait le
fameux Bucéphale, cheval d'Alexandre, pendant les occasions périlleuses ; ainsi que l'action de celui d'un prince
scythe, qui se jeta sur le meurtrier de son maître et le
foula aux pieds. Enfin tout le monde connaît la douleur
que l'on attribue au cheval de Nicomède, qui, dit-on, se
laissa périr de faim après la mort de son maître.

Les chevaux sont susceptibles d'une certaine éducabilité,
ainsi que le prouvent les différents exercices qu'on leur
apprend dans les cirques. Selon certains auteurs, les Sybarites auraient appris à leurs chevaux à danser au son de la
flûte, et cela fut même cause de la défaite de ce peuple.
Voici à quelle occasion. Ils avaient la guerre avec les Cro-
toniates ; ces derniers qui connaissaient cette particularité,
pendant une bataille, au lieu de faire sonner leurs trompettes, firent exécuter des airs de flûte ; aussitôt les chevaux des Sybarites commencèrent à danser, mirent le désordre parmi les rangs et passèrent aux ennemis.

On cite encore un autre fait. Dans l'insurrection des

Tyroliens, en 1809, ceux-ci s'étaient emparés de quinze chevaux sur les troupes de la Bavière ; ils les montèrent aussitôt. Quelque temps après, ces nouveaux cavaliers se trouvèrent en présence d'un escadron bavarois, quand ces chevaux, en entendant les trompettes, entraînèrent malgré eux les Tyroliens, et au grand galop arrivèrent au milieu de leurs premiers maîtres, livrant ainsi leurs ravisseurs prisonniers.

Le cheval dort beaucoup moins que l'homme : lorsqu'il se porte bien, il ne demeure guère que deux ou trois heures de suite couché ; il se relève ensuite pour manger ; et lorsqu'il a été trop fatigué, il se recouche une seconde fois après avoir satisfait sa faim.

Les chevaux offrent un certain nombre de types, et par les croisements on en a obtenu un grand nombre de variétés.

Les chevaux arabes sont en général d'une constitution délicate, mais accoutumés aux fatigues des longues marches, prompts, actifs et d'une vitesse surprenante. Le ventre mince, les oreilles petites et la queue peu fournie, telles sont les marques distinctives à l'aide desquelles on peut le reconnaître à la première vue. Presque toujours exempts de difformités apparentes, ils sont si doux et si dociles, qu'ils peuvent être soignés par les femmes ou par les enfants. Jusqu'à l'âge de quatre ans, on ne leur met ni selle ni fers, et on les habitue à supporter la faim plusieurs jours de suite.

Les qualités physiques que les Arabes estiment le plus dans un cheval sont : le cou long et courbé, les oreilles délicatement formées et se touchant presque à leurs extrémités, la tête petite, les yeux grands et pleins de feu, la mâchoire inférieure étroite, la bouche découverte, les narines larges, le ventre peu développé, les jambes nerveuses, la poitrine large, la croupe haute et arrondie. Quand un cheval réunit les trois qualités de la tête, du cou et de la croupe, ils le regardent comme parfait.

L'affection fraternelle, la prédilection décidée que les Arabes portent à leur monture, sont fondées non-seulement sur l'utilité qu'ils en tirent dans leur vie active et vagabonde, mais encore sur une ancienne croyance qui doue les chevaux de sentiments nobles et généreux, d'une intelligence supérieure à celle des autres animaux. Ils disent ordinairement : « Le cheval est la plus belle créature après l'homme ; la plus noble occupation est de l'élever, le plus délicieux amusement de le monter, et la meilleure action domestique de le soigner. « Ils ajoutent, d'après leur prophète : « Autant de grains d'orge donnés au cheval, autant d'indulgences gagnées. »

Mahomet décrit ainsi la création du cheval :

« Dieu appela le vent du sud et lui dit : Je veux tirer de toi un nouvel être ; condense-toi, dépose ta fluidité et revêts une forme visible. Ayant été obéi, il prit quelque peu de cet élément devenu palpable, souffla dessus, et le cheval fut produit. Va, cours dans la plaine, dit alors le Créateur à l'animal, tu deviendras pour l'homme une source de bonheur et de richesse ; la gloire de te dompter ajoutera à l'éclat des travaux qui te sont réservés. »

Dans les contrées de l'Asie centrale qui entoure la rivière Oxus, le cheval acquiert une grande perfection, non pas précisément sous le rapport de la beauté des formes, mais sous celui de la force et de la vigueur. Sa nourriture est très-simple et très-réglée : de l'herbe le matin, le soir et à minuit. Les aliments secs sont préférés ; à une certaine époque il a une fois par jour huit à neuf livres d'orge.

Un Turcoman qui a dessein d'entreprendre une expédition commence par rafraîchir son cheval avec le plus grand soin. C'est à dire qu'il l'amène à un état de maigreur déterminé avec la plus parfaite précision, au moyen d'une longue abstinence et de course. Si, après ce régime, le cheval conduit à l'eau boit copieusement, c'est signe qu'il n'est pas assez dégraissé ; encore des jeûnes et force galop jusqu'à ce que l'animal soit arrivé à l'état désirable.

Les habitants ont coutume d'abreuver leur cheval quand il est échauffé, et de le faire ensuite vigoureusement caracoler ; ils attribuent à cet exercice la fermeté de la chair de leur monture et leur vigueur. Il paraît en effet certain, qu'on peut faire parcourir à un cheval des distances de plus de deux cents lieues en sept et même six jours.

On raconte que la magnifique encolure de ces chevaux provient de ce qu'ils sont souvent renfermés dans une écurie dont la fenêtre est au toit, ce qui accoutume l'animal à regarder en l'air et à prendre un noble port. Cette race est très-belle et fort pure.

En Ukraine, et chez les Cosaques du Don, les chevaux vivent errants dans les campagnes ; leurs troupes, de trois, quatre ou cinq cents, sont toujours sans abri, même dans la saison où la terre est couverte de neige ; ils détournent cette neige avec le pied de devant pour chercher et manger l'herbe qu'elle recouvre. Deux ou trois hommes à cheval ont le soin de conduire ces troupes de chevaux, ou plutôt de les garder, car on les laisse errer dans la campagne. Chacune de ces troupes a un cheval chef qui la commande et la guide, et ordonne les mouvements nécessaires lorsque la troupe est attaquée par les voleurs ou par les loups. Ce chef est très-vigilant et toujours alerte ; il fait souvent le tour de sa troupe, et si quelqu'un des chevaux sort du rang ou reste en arrière, il court à lui, le frappe d'un coup d'épaule et lui fait reprendre sa place.

Ces chevaux pris isolément sont presque tout à fait sauvages, ils n'obéissent qu'en troupes à leur gardien, et encore ne peut-on pas toujours compter sur leur obéissance.

Les haras des steppes sont immenses, et le nombre de chevaux qu'un seul renferme est très-considérable. Il arrive quelquefois qu'en broutant près des chemins clair-semés à travers ces steppes, ils aperçoivent une voiture traînée par des chevaux qui avant leur asservissement étaient leurs camarades. A peine les ont-ils reconnus à leurs hennissements, qu'ils entourent la voiture, et malheur à ceux qui se trouvent dedans, car en dépit des coups et des cris des gardiens, les chevaux des steppes, pris de fureur, brisent les voitures en morceaux à coups de pieds et de dents, arrachent les harnais de leurs camarades, les rendent à la liberté, puis joyeux et hennissants, les emmènent avec eux en triomphe.

En Pologne la vente de ces chevaux se fait d'une manière étrange. Le haras est toujours dans une enceinte en dehors de la ville ; l'acheteur désigne avec la main au propriétaire le cheval qui lui plaît. Dès que le marché est conclu, le Tartare, monté sur un cheval agile et bien dressé, jette un nœud coulant sur le cou du cheval désigné, s'efforce de le séparer adroitement des autres et de le faire sortir dans les champs. Après avoir réussi dans cette manœuvre, il le fait galopper ventre à terre devant lui, à coups de fouet, jusqu'à ce que le cheval épuisé tombe à terre. Une fois tombé, on le bride, on le garotte de toutes parts, et en serrant ses oreilles et ses lèvres avec de fins lacets, on le force par la douleur à la docilité. C'est dans cet état que la pauvre bête, tremblante et épuisée, est livrée par le Tartare à l'acheteur, qui se tire ensuite d'affaire avec son cheval comme il peut. La manière de dresser n'est rien moins que facile : sur dix chevaux des steppes qu'on achète, on est sûr qu'il s'en trouvera toujours un ou deux tout à fait indomptables.

Le cheval peut être considéré comme une des principales ressources alimentaires que la nature offre à l'homme : sa

chair, contre laquelle on a tant de préventions, est cependant
bonne, et quelques nations anciennes et modernes en ont
fait ou en font encore un grand usage ; elle formait la nourriture principale des premiers peuples du Nord, et ce fut
leur conversion au christianisme qui les fit renoncer à l'usage
de cette viande.

Les Celtes sacrifiaient des chevaux à leurs dieux, et la
chair de ces victimes se mangeait avec honneur dans les
festins solennels qui suivaient les sacrifices.

Il y a peu d'années, on mangeait encore beaucoup de
viande de cheval dans le Danemark, et sa vente était auto-
risée dans les boucheries ; on la débitait par quartiers, et
pour garantir au public qu'elle provenait d'un animal sain,
chacun de ceux-ci adhérait encore à son sabot, sur lequel la
police avait fait une marque avec un fer rouge pendant la
vie de la bête. Cet animal est aujourd'hui moins employé
dans ce pays : non pas qu'on lui ait reconnu quelque inconvénient, mais seulement parce que le prix des chevaux s'est
tellement accru, qu'il n'y a plus d'avantage à les employer.

Malgré la répugnance que l'on éprouve dans notre pays
pour la chair du cheval, son usage est convenable pour la
nourriture de l'homme, et son goût est agréable. Sous l'empire, on a vu souvent, pendant nos désastres, les soldats,
ainsi que les blessés, en faire usage avec plaisir. Enfin,
d'après des témoignages authentiques, à l'époque de la
révolution, Paris ne fut nourri en grande partie, pendant
l'espace de trois mois, qu'avec de la viande de cheval, sans
que personne s'en soit aperçu et sans qu'il en soit résulté
le moindre inconvénient.

L'homme, sous l'empire de soins et de croisements bien
dirigés, modifie à son gré dans des limites qui ne laissent
pas que d'être étendues, les formes des chevaux, et il en
crée de nouvelles variétés. Il résulte de cette puissance que

les races que l'on connaît parmi ces animaux sont aussi nombreuses que variées, et que quelques-uns ont même des caractères si ambigus, qu'il est difficile de les classer.

Les Sangliers

Le sanglier, d'où dérivent toutes les variétés du cochon, est d'un gris mélangé tirant sur le noir. Sa taille est moindre que celle de l'animal domestique dont il est le type, son museau est beaucoup plus long; il a les oreilles courtes, rondes et noires, et porte à ses deux mâchoires de terribles défenses qui lui servent à fouiller la terre et à se protéger contre ses ennemis. Brave sans être téméraire, le sanglier ne recherche point le danger, mais ne l'évite point non plus.

Il habite l'Europe et l'Asie, ainsi que quelques parties de l'Afrique. L'Angleterre était autrefois le pays natal de l'animal qui nous occupe, ainsi que nous l'apprend la loi de Howel, fameux législateur Welsh qui permettait à son grand-veneur de chasser le sanglier depuis la mi-novembre jusqu'au commencement de décembre. Guillaume le Conquérant punissait de la perte de la vue quiconque s'était permis de tuer des sangliers dans ses forêts.

Le lion fait une guerre assez active au sanglier; quand il a découvert sa retraite, il fait une levée de terre tout autour, à une certaine distance, mais il a soin de ménager une petite issue près de laquelle il se tient en embuscade. Aussitôt que le sanglier, mis en émoi par l'odeur de son redoutable ennemi, essaie de fuir par l'ouverture, le lion s'élance sur lui et le dévore.

La chasse du sanglier, qui n'est certes pas sans danger, est très-recherchée des seigneurs. Ils emploient à cet effet une espèce de chien lourde et pesante. Le sanglier qui se voit poursuivi par ces animaux, se laisse chasser de près sans en avoir peur; il s'arrête même parfois pour les attendre ou pour les charger; excédé enfin de fatigue, il s'arrête : les chiens essaient alors de l'attaquer par derrière; plusieurs d'entre eux tombent victimes de leur témérité, et le combat dure ainsi jusqu'à l'arrivée des chasseurs qui percent l'animal de leurs lances.

Ces chasses sont assez célèbres pour que nous n'hésitions pas à en raconter quelques-unes d'un grand intérêt. On peut voir dans le salon de peinture de 1836, un magnifique tableau d'Horace Vernet représentant une chasse au sanglier dans le désert de Sahara. Nous trouvons dans le *Magasin pittoresque*, un charmant récit d'une chasse au sanglier que nous demanderons la permission de citer ici. On y trouvera les plus étranges idées répandues sur le sanglier par les chasseurs de l'antiquité.

« On est fier et joyeux au logis, quand le dimanche soir, épuisé de fatigue, couvert de poussière, le front en sueur, nous avons entr'ouvert sur la table notre carnassière sanglante. On crie de plaisir; on se dispute l'honneur de compter les grains de plomb qui tout à coup ont arrêté la perdrix dans son vol, de découvrir du doigt l'endroit précis où la balle a percé le ventre ou brisé la patte du lièvre; on flatte Brisquet; on suspend la poire à poudre sculptée et la bouteille d'osier vide du vin généreux qui a soutenu notre courage; on replace aux rayons le volume inachevé qui, vers midi, a hâté notre sommeil sous l'ombrage d'une haie; on s'empresse à détacher nos longues guêtres gercées par le soleil, et à remplacer par une coiffure fraîche et légère notre casque de toile. Seulement prenons toujours garde qu'on n'admire de trop près notre bon fusil *noirci par la fumée;* car c'est un souvenir bien précieux que celui d'une journée de chasse où l'on n'a pas fait éclater le canon pour y avoir bourré double charge par mégarde, où l'on ne s'est pas exposé à un accident en sautant un fossé, où l'on n'a pas tiré dans les jambes d'un ami, où enfin, au retour, le foyer domestique n'a pas été épouvanté d'une détonation imprévue. Sauf des accidents de cette nature qu'un peu de prudence sait éviter, il faut convenir, au reste, que la chasse est vraiment aujourd'hui un passe-temps bien pacifique, un divertissement civilisé et qui n'a plus rien de son antique barbarie. Ce n'est plus de ces expéditions féroces, simulacre des combats, disent les poëtes, où l'on se piquait de risquer sa vie pour l'espoir d'un morceau de venaison, où l'honneur ne permettait de fuir aucun gibier, et où il fallait, sans désemparer, le tuer ou se faire tuer par lui. Fort heureusement le lion et le tigre ne sont pas de notre pays. Quant aux sangliers, lorsqu'ils dévastent les moissons, on les tue de nuit un à un, ou l'on paie une prime aux villageois pour les traquer et les tuer comme des chiens enragés. Mais qu'un joyeux chasseur aille risquer des palpitations de cœur en faisant assaut de plein-pied avec un pareil animal au fond des bois, ce serait vraiment une folie digne du héros de la Manche ! Tout au plus est-il raisonnable de hasarder à le viser quand on se trouve posté en un lieu sûr, par exemple, sur un arbre.

Une histoire complète des malheurs arrivés à la chasse, ou plutôt à la guerre aux sangliers, serait d'un intérêt tout mélodramatique. Les anciens ont bien exprimé l'horreur que doit inspirer la férocité et la sauvagerie de cette terrible bête, en l'opposant, dans leurs mythes, au plus beau des mortels et au plus fort des immortels. C'est un sanglier qui met à mort Adonis; et Hercule ajoute à sa gloire en triomphant du sanglier d'Erimanthe. Ensuite, parmi une foule de traits, on se rappelle les affreux événements que causa la chasse du sanglier de Calydon, dont la hure fut offerte à Atalante par le jeune prince Méléagre. Si l'on en juge par un passage d'Oppian, il y avait d'étranges idées sur le sanglier répandues par les chasseurs de l'antiquité. « On dit du sanglier, rapporte cet auteur, qu'il a une dent blanche cachée au-dedans, ayant quelque chose de brûlant. Quand les chasseurs l'ont percé de leurs longs javelots, si quelqu'un arrache un poil de cet animal encore palpitant, et qu'il le mette près de cette dent, ce poil paraît d'abord grillé et se tourne bien vite en rond. On voit de même que les chiens, en divers endroits de leurs côtes, où les dents ardentes du sanglier ont touché, semblent avoir quelques vestiges de feu qui s'étendent sur leur peau. »

Jacques du Fouilloux, qui écrivait au xvie siècle, et qui était un brave chasseur, ne paraît pas trop rassuré quand il traite des sangliers. Il assure en avoir chassé un qui à lui seul massacra en quelques instants quarante chiens sur cinquante. En somme, il ne conseille pas de faire courir une bonne meute de *telles sortes de bestes;* « car, dit-il, si les autres espèces esgratignent ou mordent, il y a toujours moyen de remédier à leur morsure; mais au sanglier, s'il blesse un chien de la dent au coffre du corps, il n'en cuidera jamais eschapper. » Et toutefois il ajoute plus loin : « Si une meute de chiens est une fois dressée pour le sanglier, ils ne veulent courir les bestes légères, parce qu'ils ont accoustumé de chasser de près, et avoir grand sentiment de leur beste. »

Voici ce qu'il dit entre autres choses sur les moyens les moins dangereux de chasser et de se défaire du sanglier.

« C'est une chose certaine que si on met des colliers chargés de sonnettes au col des chiens courants, alors qu'ils courent le sanglier, il ne les tue pas si tost; mais il s'enfuira devant eux sans tenir les abbois. Il faut que le piqueur lève la main haute, et qu'il donne les coups d'épée en plongeant, se donnant garde de donner au sanglier du costé de son cheval, mais de l'autre costé; car du costé que le sanglier se sent blessé, il tourne incontinent la hure : que s'il est en pays de plaine, le piqueur doit mettre un manteau devant les jambes de son cheval; puis doit tuer le sanglier à passades sans s'arrêter. » Lorsque le piqueur est à pied, il plonge son couteau de chasse au défaut de l'épaule, en s'esquivant légèrement de l'autre côté. Dans les vieilles estampes qui représentent des illustres capitaines de Germanie à la chasse, on remarque que les javelots sont dirigés surtout à la tête ou à la poitrine. Les valets et les chiens aimaient peu cette chasse, comme on peut le croire : on était toujours muni d'aiguilles, de fil et de soie pour raccommoder ceux qui étaient éventrés; l'odeur seule du sanglier rebutait souvent la meute; il fallait les exciter de très-près et leur parler d'un ton plein. Les cris en usage étaient : *Hou hou... velci aller, velci aller... hou hou... valets... hou hou... ça va... ça va... hou hou... la ha, la ha ha ha.* Contre les règles ordinaires de la chasse, s'il y avait trop grande perte de chiens et quelquefois d'hommes, il était permis, mais seulement à la dernière extrémité, d'abattre la bête d'un coup de fusil ou de pistolet.

Il est rare de pouvoir chasser un sanglier en moins de cinq ou six heures, et quelquefois il faut trois ou quatre jours. Le dernier prince de Condé affectionnait beaucoup cette chasse, et entretenait des chiens vigoureux qu'on y avait particulièrement dressés. On rencontre dans les bois de Chantilly des traces nombreuses de sangliers.

Dans le nord de l'Europe, on voit encore de belles troupes de chasseurs livrer combat à ces animaux. En Allemagne,

on se sert quelquefois de toiles dans lesquelles on les cerne
au moyen de grandes battues. On les laisse ensuite sortir
un à un par une étroite ouverture, et on les tire à l'aise sans
grand péril. En Angleterre, au xiie siècle, il y avait une
telle quantité de sangliers, que les environs mêmes de Londres, alors entouré de bois, en étaient infestés. Une portion
de terrain du comté de Fife, en Ecosse, était autrefois
appelée Muckross, ce qui signifie, en langage celtique,
la colline aux sangliers. On rapporte qu'avant la réforme,
dans la ville de Saint-Andrew, des chaînes suspendaient, à
l'autel de la cathédrale, deux dents de sanglier qui avaient
chacune de quinze à seize pouces de hauteur. En Amérique
le sanglier était inconnu avant l'invasion des Européens. Il
abonde dans l'Inde; mais sa nature paraît y être moins
féroce que dans l'Occident. Les dents du vieux sanglier se
tournent en forme de croissant, la pointe vers les yeux; on
les nomme *mirè*, ou même *contre-mirè*, quand elles sont
contournées : alors il foule du bouttoir si terriblement fort,
que ses coups sont souvent plus funestes que ses incisions.
L'animal jusqu'à six mois, en langue de chasse, se nomme
marcassin; de six mois à un an, *bête rousse;* d'un an à deux,
bête de compagnie; de deux à trois, *ragot;* à trois ans, c'est
un sanglier à son *tiers ans;* à quatre, un *quartan* ou *quar-
tanier;* et passé ce temps, c'est un vieux sanglier qu'on
appelle *solitaire* et *vieil ermite*. La femelle porte toujours le
nom de laie.

Le sanglier, qui n'est autre chose que le cochon tel qu'il
existe à l'état sauvage, crie et grogne rarement; mais il
souffle avec violence; quand il désespère d'échapper à ses
ennemis, il se roule et se vautre à terre, s'élance par bonds,
ou s'asseyant dans une cépée, fait face à son ennemi avec
fureur. Il y a dans sa puissante colère, dans ses mœurs libres,
dans son allure et son apparence farouche, une sorte de poésie

qui le distingue de cette commune et grossière ineptie de la race soumise à la domesticité. Il vit ordinairement seul. En hiver, il se tient loin du voisinage des hommes, dans des espèces de forts hérissés d'épines; en été, il rôde aux lisières des bois, et pendant la nuit il fait des sorties pour ravager les champs; il se nourrit de vers, de racines, de glands, de faînes, de noisettes, de petits lapins, de petits lièvres, d'œufs de perdrix et de perdreaux, de légumes et de grains. Il fait beaucoup de bruit en mangeant, ce qui dénonce sa présence dans l'obscurité; et quand il est alarmé, au lieu de fuir, il s'arrête pour reconnaître le péril, ce qui peut donner le temps de l'ajuster. On rencontre parfois des troupes de laies et de marcassins, ou de sangliers voyageurs, qui se rendent dans les pays lointains; ils ravagent les campagnes sur leur passage, et s'arrêtent volontiers quelques jours dans les endroits fertiles; quand ils sont repus, ils poursuivent leur route en traversant les fleuves et les rivières, soit à la nage, soit sur la glace.

Les diverses espèces de la famille des sangliers, dit Lesson, libres ou soumis à la domesticité, joignent à des formes disgracieuses, des habitudes d'une sauvagerie invétérée et des goûts profondément dépravés. Ce sont des animaux grossiers et stupides, que des appétits insatiables gouvernent, et qui sont insensibles à toutes tentative d'éducabilité. C'est la matière utile dans toutes ses parties pour la tuerie, mais où l'intelligence n'apparaît nullement pendant la vie. L'expression proverbiale, *Il a le naturel du cochon et ne fait de bien que par sa mort*, est d'une grande justesse appliqué à l'égoïste qui n'a jamais su secourir l'infortune.

A cette esquisse peu flatteuse hâtons-nous de joindre l'appréciation de Thomas Smith, qui ne manque pas de justesse et concorde parfaitement avec celle de plusieurs auteurs récents du plus haut mérite.

Ce quadrupède, dit-il en parlant du cochon, fait en grande partie sa nourriture de végétaux, mange la chair la plus putride : on lui croit cependant l'appétit plus glouton qu'il ne l'a réellement; il choisit du moins les plantes de son goût avec autant de sagacité que de délicatesse, et ne s'empoisonne jamais comme les autres animaux pour ne pas savoir distinguer les aliments salubres de ceux qui sont malsains. Quelque concentré dans lui-même, quelque indocile, quelque vorace qu'on le suppose, aucun animal n'a plus de sympathie pour les êtres de son espèce : du moment qu'un cochon donne un signal de détresse, tous ceux dont il est entendu volent à son secours : on a vu de ces animaux se réunir autour d'un chien qui harcelait un de leurs compagnons, et le tuer sur le lieu même.

Les cochons savants, ajoute le même auteur, offrent la preuve incontestable que ces animaux ne sont pas dépourvus d'un certain degré de sagacité naturelle. L'exemple suivant, d'ailleurs, confirmera cette vérité d'une manière vraiment curieuse.

« Un garde-chasse de sir H. Mildmay, rapporte M. Daniel, dressa une truie noire à quêter le gibier et à le tenir en arrêt; *Slut*, c'est le nom qu'il lui donnait, avait le nez aussi fin que le meilleur chien couchant. Après la mort de sir Henry, cette *truie-chasseresse* fut vendue pour une somme considérable. »

F. Cuvier dit que les cochons sont doués d'une intelligence supérieure à celle dont nous les croyons capables, et qu'ils se placent sous ce rapport bien au-dessus des rongeurs et des ruminants, ainsi que d'un grand nombre de carnassiers; ils lui paraissent, relativement à l'intellect, égaler les éléphants.

Il est certain que les porcs sont faciles à apprivoiser. Dampier mentionne que ceux qui furent introduits dans certaines localités de l'Amérique par les Espagnols allaient paître le jour dans les bois voisins des habitations et revenaient chaque soir au son d'une cloche.

Bosc a souvent fait une observation qui démontre aussi que les cochons ont un instinct beaucoup plus développé que celui qu'on leur prête ordinairement. Il dit que dans la Caroline du Sud, où on les élève dans la plus grande liberté, on les laisse errer constamment parmi les bois et s'y défendre contre les attaques des carnassiers; mais que chaque semaine, à heure fixe, le samedi, ces animaux arrivent de toutes parts à la ferme pour y recevoir quelques poignées de maïs, s'y faire compter, ou fournir aux besoins de leurs maîtres.

Ajoutons que cet animal est beaucoup plus propre que les habitants de nos campagnes ne se le figurent, et que si nous le voyons se vautrer dans la boue de nos fermes, c'est qu'il a essentiellement besoin d'eau et ne trouve souvent que des flaques d'eau immondes ou des mares boueuses.

Le vent paraît avoir la plus grande influence sur ce quadrupède : quand il souffle avec violence il est très-agité; à l'approche du mauvais temps, les cochons portent souvent de la paille à leur étable, comme s'ils voulaient se mettre à l'abri de l'orage. Les paysans, dans certaines contrées de l'Angleterre, ont ce singulier adage : *Les cochons savent voir le vent.*

Gosselin, dans sa relation de deux voyages à la Nouvelle-Angleterre, raconte l'histoire suivante, qui ne manque pas certainement d'être curieuse, mais laisse un peu de doute sous le rapport de son authenticité.

Le cochon est un animal domestique primordial. Ses variétés en Europe sont nombreuses, ainsi que celles de l'Asie, de l'Afrique ou de l'Océanie. Il est question de lui dans les écrits les plus anciens. On le trouve mentionné dans les poëmes d'Homère ; on croit même en avoir retrouvé la figure gravée sur les monuments de l'Egypte. La Bible nous révèle l'antipathie religieuse que lui vouèrent les Hébreux. C'était un animal impur, dont la chair engendre, dans les climats chauds, la ladrerie. A Rome, dit Plutarque, en faisant rôtir des truies entières qui étaient pleines, et dont on avait foulé l'abdomen aux pieds pour en pétrir ensemble les petits ; et quelquefois on emplissait le ventre d'un cochon de divers animaux, et on les faisait cuire ainsi : c'était ce que l'on nommait *porcus trojanus*, par allusion au cheval de Troie rempli de guerriers.

Chez les Gaulois, ainsi que le rapporte Lesson, le porc, nommé *gor*, était élevé en immenses troupeaux qui vaguaient dans les forêts pour se nourrir des glands du chêne, et la chair de cet animal était la nourriture que préféraient les Celtes. Les Franks héritèrent du goût des nations germaniques pour le cochon, et leurs fermes en renfermaient des troupeaux qui en faisaient la principale richesse. Aujourd'hui encore le porc fournit aux salaisons maritimes, car c'est la viande qui s'accommode le mieux du sol, et, dans certaines localités, cet animal est la richesse des fermiers.

« Il existe dans l'île de Sumatra, dit un naturaliste anglais, une variété de cochons qui fréquentent les buissons impénétrables et les marais de la côte : ils vivent de crabes et de racines, et se réunissent en bandes. Ces animaux sont d'une couleur grise et plus petits que ceux de l'Angleterre. A de certaines époques de l'année, ils nagent en troupeaux qui se composent quelquefois de mille ou douze cents cochons d'un côté à l'autre de la rivière Siak, dont la largueur est de quatre milles, et reviennent à des jours fixés. Ils font cette traversée par de petites îles, en nageant de l'une à l'autre. Dans ces circonstances, ces animaux sont poursuivis par une tribu de Malais distincte de toutes les autres de cette île : ces Malais, qui vivent sur les côtes du royaume de Siak, prennent le nom de Sabétiens. Ces hommes, dit-on, découvrent les cochons à leur odeur longtemps avant de les voir, et lorsqu'ils l'ont éventé, ils préparent leurs bateaux, en ayant soin auparavant d'envoyer leurs chiens, qui sont dressés à cette espèce de chasse, le long de la côte des marais, pour empêcher, par leurs aboiements, les porcs de venir se cacher dans l'épaisseur des buissons. Dans leur passage, les verrats ouvrent la marche, et sont suivis par leurs femelles et par leurs petits, qui nagent tous sur la même ligne, les uns appuyant leur groin sur la croupe de ceux qui les précèdent : ces animaux, en nageant ainsi appuyés les uns sur les autres, offrent un spectacle très-singulier. Les Sabétiens, hommes et femmes, vont à leur rencontre dans de petits bateaux plats : ceux qui occupent le devant de ces canots, rament et jettent de grandes nattes faites de feuilles entrelacées les unes dans les autres, devant le chef de chaque bande de cochons qui continuent toujours de nager avec beaucoup de courage ; mais, en enfonçant leurs pieds dans ces nattes, ils s'y embarrassent tellement qu'ils ne peuvent plus les remuer ou qu'ils les agitent très-lentement ; les autres n'en prennent pas pour cela l'alarme, et suivent toujours à la file, aucun d'eux n'abandonnant la position où il était placé. Les chasseurs avancent vers eux dans une direction latérale ; et les femmes, armées de longues javelines, tuent tous ceux de ces cochons qu'elles peuvent atteindre ; pour ceux qui sont hors de leur portée, elles ont de petits javelots de six pieds, qu'elles jettent avec beaucoup d'adresse, à la distance de neuf à dix verges. Comme il est impossible à ces chasseurs de jeter des nattes devant toutes les colonnes de ces animaux, le reste s'enfuit en nageant vers l'endroit d'où ils doivent remonter à terre en se sauvant par cette voie. Le nombre de ces animaux tués étant fort considérable, les habitants de ces pays les salent et les mettent dans de grands bâteaux dont ils se font suivre. Une partie de ces cochons est vendue aux commerçants chinois qui viennent parcourir cette île, et ils ne conservent du reste, que les peaux et la graisse ; cette dernière, lorsqu'elle se vend, est achetée par les Chinois Maki, et sert de beurre aux gens du peuple, tant qu'elle n'est pas rance ; elle remplace aussi l'huile de coco pour les lampes [1]. »

Les porcs sont d'une fécondité extraordinaire ; il n'est pas rare qu'il y ait deux portées par an, et chacune d'elles produit douze, quinze et jusqu'à vingt petits. Ces animaux vivent un temps considérable, et souvent même de vingt-cinq à trente ans. On trouve, dans les recueils d'agriculture, qu'une seule truie du comté de Leicester eût trois cent cinquante-cinq petits en vingt portées, qui produisirent trois mille sept cents francs à son possesseur. Vauban signala tous les avantages que peuvent offrir ces animaux, et calcula qu'en dix générations une seule truie pouvait fournir six millions quatre cent trente-quatre mille huit cent trente-huit individus, et que si l'on retranchait quatre cent trente-quatre mille huit cent trente-huit qui pouvaient périr par les loups et les maladies, il restait encore l'énorme chiffre de six millions.

Parmentier rapporte à trois races les cochons qui se trouvent en France : *la race de la vallée d'Ituge*, dont le poil est blanc, la tête petite et les oreilles étroites ; *la race du Poitou*, qui a aussi le poil blanc, mais dont la tête est grosse, et les oreilles larges et pendantes ; enfin *la race du Périgord*, dont le pelage est noir.

[1] T. Smith.

Les soies du porc sont employées dans les arts pour faire
des pinceaux et des brosses ; et sa chair forme un aliment
tellement recherché, qu'aujourd'hui, en France, nous sommes
obligés de tirer annuellement de l'étranger cent cinquante
mille de ces animaux pour suffire à la consommation.

Comme voisins des sangliers, nous citerons :

Les *pécaris*, qui vivent en troupes dans les forêts de
l'Amérique méridionale, s'apprivoisent avec facilité, et se
font remarquer par l'absence de queue et la présence sur
le dos, dans la région lombaire, d'une cavité glanduleuse
qui laisse suinter un fluide qui exhale une odeur fétide,
ammoniacale.

Les *babiroussas* ou *cochons-arfs*, qui habitent quelques
îles de l'archipel indien, ont la peau nue et d'immenses
canines recourbées. Ces dents, à la mâchoire supérieure,
se dirigent en haut, percent la peau de la face, et en se
recourbant en arrière en demi-cercle, elles vont parfois di-
lacérer celle du front et entrer même jusque dans le crâne.

Enfin les *phacochœres*, au naturel féroce, dont les énormes
défenses sont dirigées en dehors et en haut, habitent les
contrées africaines.

Les Kangourous et l'Australie

Au milieu de l'Océanie se trouve un continent encore in-
complétement connu, l'Australie, patrie des animaux singuliers dont nous allons faire l'histoire. Laissons M. A. Maury
nous décrire cette partie du monde où grandit une future
rivale de l'Amérique du Nord. « Avant que s'établisse ce
redoutable antagonisme, dit-il, il faut que le continent

australien ait été totalement exploré, que son sol , où seront
bientôt posés des rails de chemins de fer et des télégraphes
électriques, soit reconnu aux quatre points cardinaux. Nos
voisins les Anglais n'épargnent à cet effet ni temps ni fatigues, et l'on ne peut que donner des éloges à la persévé-
rance dont ils font preuve pour pénétrer au centre du continent australien. »

Au commencement de mars 1855, M. Thomas Baines fut
attaché à l'expédition conduite par M. Grégory dans le nord
de l'Australie. Envoyé avec un petit détachement sur le
schooner *Tom-Tough*, pour se procurer des provisions à
Timor, M. Baines mit à la voile à la baie de Morton et
passa le détroit de Torrès. Il visita la côte de Cap-York, une
des contrées les plus imparfaitement connues de l'Australie.
Il put en étudier la curieuse population, et il nous en a
donné une intéressante description. Ces indigènes se sou-
mettent à un tatouage qui les rend hideux pour les voyageurs anglais : de larges excoriations, renouvelées dès
qu'elles tendent à se cicatriser, couvrent leur peau, et ne
tardent pas à y déterminer des saillies fort proéminentes
et larges comme le doigt. Leurs armes, faites d'un bois dur
et garnies de fragments d'os en guise de lame, sont ornées
de franges d'écorce. Leurs arcs sont faits de bambou ; leurs
flèches, de bois ou de roseaux. Déjà habitués à la présence
des Européens, ces sauvages s'empressaient d'échanger leur
écaille de tortue contre du tabac et des mouchoirs de couleur.
Le sol de la côte est une argile rouge, donnant naissance à
des mamelons de six mètres de haut environ. Du cap York,
M. Baines se rendit à l'embouchure de *Victoria-River*. Il fit
ensuite une excursion à *Palm-Island*, à trente ou quarante
milles en remontant la rivière.

Les eaux du *Victoria* sont hantées par de redoutables alli-
gators, qui se précipitent avec voracité sur les chevaux.

Lorsque l'expédition eut atteint la branche occidentale de
la rivière, en tournant plus au sud, elle rencontra un
plateau de trois cents quatre-vingts mètres d'altitude environ,
qui présentait de vastes plaines d'un sol volcanique recouvert par un gazon abondant. Dans les rochers qui hérissent
ce sol, l'agate se recueille pour ainsi dire à chaque pas. La
roche trapéenne fournit aux indigènes la matière de leurs
pointes de flèches et de leurs tomahawks. Les lieux étaient
déserts, mais partout on apercevait la trace de l'homme. Les
nids gigantesques des fourmis avaient été creusés en vue de
recueillir les larves et les œufs qu'ils recèlent ; les ruisseaux
étaient bordés de coquillages abandonnés par les pêcheurs ;
les arbres accusaient, par l'état de leurs branches, les tentatives faites pour les dépouiller du miel déposé par les abeilles,
des nids qu'y avaient faits les oiseaux, des lézards qui se
glissent sous leur feuillage. De grands trous pratiqués dans
la terre se laissaient reconnaître pour ces cuisines en plein
air où les naturels préparent la chair de l'émeu et du kangourou, le grand régal de ces contrées. Enveloppée d'écorces
d'arbre, déposée sur des pierres rougies au feu, cette chair
acquiert une saveur délicieuse. La généralité de ce mode de
cuisson, en Océanie, lui donne un véritable caractère ethno-
logique.

M. Baines avait dû rejoindre M. Grégory. Ce dernier
voyageur, en remontant aux sources du Victoria, rencontra un autre cours d'eau qui coule vers le sud-ouest
jusqu'au 20° 18' de lat. sud, où il se jette dans un lac salé.
L'expédition lui imposa le nom de *Sturt-Creek* C'est alors
qu'en compagnie de M. Grégory et de quelques autres,
M. Baines s'avança à l'ouest pour opérer la reconnaissance
de tous les tributaires du Victoria. Nos voyageurs ne ren-
contrèrent sur ce sol que trapp et basalte ; ils couvaient des
yeux, pour la colonisation future, d'immenses pâturages

abondamment arrrosés , dont M. Grégory n'évalue pas la
superficie à moins de trois millions d'acres. Sur un des af-
fluents , M. Baines trouva une pêcherie d'indigènes, établie
en un point où la rivière se resserre en même temps que son
fond s'exhausse. Les naturels placent sur cette *dame* des filets
en forme de paniers , où le poisson va se prendre de lui-
même. Rien n'est plus pittoresque que l'aspect que prend ici
la contrée. Sur les rochers qui bordent la rivière , les sauvages ont tracé , en rouge, en blanc , en noir ou en jaune , de
grossières images dont quelques-unes représentent un
serpent bipède à deux cornes. Près de là s'élèvent des
huttes construites en gros blocs de pierre grossièrement
taillés. Après quelques jours de marche , l'expédition atteignit le grand campement qu'avait établi M. Wilson durant
leur absence , et où le schooner put être réparé. C'est là
que M. Grégory avec le gros de l'expédition partit pour le
golfe de Carpentarie , tandis que M. Baines mettait à la voile
pour Timor. Il visita les îles Groulburn , où le langage des
indigènes lui révéla la présence fréquente en ces lieux de
navires américains ; il se rendit à l'île du Crocodile , dont
on ne possédait point de carte pour la partie méridionale ;
M. Baines en a tracé un croquis. Ce fut seulement le 30 mars
suivant, c'est-à-dire un an juste depuis son départ, que
le voyageur revint à Port-Jackson , après avoir traversé le
King-George-Sound.

Deux autres expéditions non moins intéressantes sont celles
qui ont été dirigées au lac Torrens et dans la contrée située
à l'ouest de ce lac. Les tentatives faites , il y a plusieurs
années , par Eyre et par Frome , donnaient peu d'espoir que
les bords du lac de Torrens pussent jamais offrir à la colonisation de grands avantages. Cependant la découverte gra-
duelle de cours d'eau avait permis aux éleveurs de bestiaux
de s'avancer , en 1856 , jusqu'au mont Serle et même un

peu au delà, en dépit du nom de *Hopeless* donné à la montagne où Eyre s'était arrêté.

En août 1856, MM. Herschel, Babbage et Bonner organisèrent une exploration géologique pour rechercher l'or et le charbon dans le district du Mont-Serle. S'avançant plus au nord, M. Babbage parvint, au milieu de périls et de difficultés sans nombre, jusqu'à un cours d'eau, le *Mae-Donnell-Creek*, et aux réservoirs abondants du *Saint-Mary's-Pooll* et de *Blanche-Water*. Cette découverte produisit à Adélaïde une grande sensation. L'année suivante, M. Goyder partit pour lever la carte du pays exploré par M. Babbage. Il suivit pendant seize mille le *Mac-Donnell-Creek*, et à six milles et demi de là, au nord-est, atteignit les bords du lac Torrens. Il y reconnut un réservoir d'eau douce, semé de plusieurs îles et d'un niveau constant. Il estima à trois mille pieds anglais la hauteur du mont Serle.

Les heureux résultats de cette seconde expédition en firent bientôt organiser une troisième. Le capitaine Freeling arriva au lac le 3 septembre, et confirma, en les complétant, les découvertes de MM. Goyder et Babbage. Mais, hélas ! toutes les tentatives n'ont pas été si heureuses. Cette année, l'expédition conduite au centre de l'Australie par le major Warburton s'est vue forcée de rentrer à Adélaïde, sans avoir rencontré sur sa route aucune oasis de nature à être mise en culture.

La seconde expédition, dirigée par M. Babbage, continue sa marche en avant ; sans être, jusqu'ici, plus heureuse, elle a fait connaître, par une dépêche, aux autorités anglaises, le sort déplorable que la troisième expédition, composée de trois voyageurs, MM. Coulthard, Scott et Brooks. Il n'est que trop probable que ces trois infortunés ont péri de faim et de soif au milieu du désert. M. Babbage et son compagnon ont trouvé le corps de M. Coulthard étendu sous un buisson ; à quelques pas se trouvaient sa cantine et tout son campement.

Sur un des côtés de cette cantine en étain, offrant une surface de douze pouces de long sur dix de large, le malheureux voyageur avait gravé avec un clou ou la pointe de quelque instrument l'inscription suivante :

« Je n'ai nulle part rencontré d'eau ; je ne sais depuis combien de temps j'ai quitté Scott et Brooks : je crois que c'est lundi.

» Après l'avoir saigné pour vivre de son sang, j'ai pris le cheval noir pour chercher l'eau ; et la dernière chose dont je me souvienne, c'est de lui avoir ôté la selle et de l'avoir laissé aller jusqu'à ce qu'il n'ait plus eu de force. Je ne sais combien de temps s'est écoulé depuis : deux ou trois jours? je l'ignore.

» Ma langue est collé à mon palais, et je ne vois plus ce que j'ai écrit. Je sens que c'est la dernière fois que je puis exprimer mes sentiments vivant, et le sentiment est perdu faute d'eau.

» Mes yeux se troublent, ma langue brûle. Je n'y vois plus. Dieu me soit en aide ! »

La dépêche de M. Babbage est datée du 16 juin ; l'expédition était encore pourvue de tout ce qui lui était nécessaire pour plusieurs semaines, et quoique éprouvée par la fatigue, elle résistait au découragement.

M. Hach a eu aussi sa part de misères et de tribulations ; mais à la fin, il en a été dédommagé. Parti de *Streaky-Bay*, il atteignit, non sans peine, le mont Parla, arriva ensuite à Toondulya ; il y rencontra de vastes pâturages bien arrosés. A Yarlbinda, où l'avait conduit l'assurance donnée par les naturels de trouver des eaux plus abondantes, il ne rencontra qu'un vaste désert, dans toute l'étendue duquel on n'apercevait pas le moindre mamelon. Il poursuivit cependant sa route à travers une succession de lieux arides et de broussailles. Enfin il aperçut le grand lac salé, qui a reçu le nom de lac *Gairdner*, et sur les bords duquel croît un gazon abondant. L'herbe est là partout, grâce à la salure du sol, mais l'eau fait presque toujours défaut.

Dans l'expédition tentée au nord, un naturaliste distingué, M. James S. Wilson, a recueilli les éléments d'une bonne description physique de la côte nord-ouest et ouest, depuis la pointe du golfe de Carpentarie jusqu'au cap Leeuwin.

Le sol, d'une altitude moyenne de seize cents pieds anglais, appartient généralement à la période carbonifère. Au nord, il est couvert d'un gazon plus varié qu'abondant; nulle part, en effet, la végétation naine n'apparaît si riche. De nombreux arbres à fruit alternent avec différentes petites espèces d'encalyptus. Les quadrupèdes sont, dans cette partie de l'Australie, les mêmes que dans le midi du continent; mais les oiseaux diffèrent. Des bandes innombrables de chauves-souris obscurcissent parfois jusqu'à un mille de distance l'air qu'elles empestent de leur odeur musquée, ou accablent les arbres du poids de leurs corps énormes. Les eaux sont habitées par plusieurs intéressantes espèces de poissons : l'une fait aux mouches une chasse active en lançant sur elles des gouttes d'eau qui les font tomber dans la rivière; d'autres exécutent par-dessus le sable et les rochers des bonds incroyables. Cependant l'espèce humaine est clair-semée dans ces régions, où la vie animale s'est si largement développée. Les indigènes sont de la même race que celle qui habite le sud; ils n'élèvent pas de huttes, et se tiennent sous des berceaux de branchages. Quelques tribus savent construire, au sommet des montagnes, des demeures en pierre, circulaires. L'usage des canots est partout inconnu. Veulent-ils traverser une rivière, ces sauvages se placent sur un morceau de bois qu'ils font flotter, ou bien, comme au golfe de Carpentarie, ils construisent avec des fascines des espèces de radeaux. On retrouve chez eux l'usage de s'arracher deux des incisives supérieures.

On le voit, la géographie physique de l'Australie présente un grand intérêt : elle mérite d'être étudiée en détail, et peut-être est-il prématurée d'en tenter un tableau complet.

Le mot *marsupial*, dérivé du latin *marsupium* (bourse), date du xviie siècle. Il a été employé par un anatomiste anglais pour désigner la sarigue, animal qui porte sous le ventre une bourse où ses petits trouvent un berceau pendant les premiers mois de leur existence, et ensuite un asile et un refuge contre les poursuites de leurs ennemis. Cuvier a conservé ce mot, mais non plus pour distinguer la sarigue en particulier, mais tous les animaux construits sur le même type, même dans le cas où ils ne portent point de bourse.

Les marsupiaux les plus célèbres sont les kangourous et les sarigues. Les premiers appartiennent à l'Australie, les seconds forment un genre propre à l'Amérique.

En raison de leur importance nous leur consacrerons un chapitre à part.

L'histoire du kangourou, restée fort obscure pendant longtemps, est très-incomplète encore dans Buffon, et ce n'est que dans ces dernières années que l'on a pu réunir sur les mœurs et les habitudes de cet animal des données précises. Cet animal bizarre habite les plaines arénacées de la Nouvelle-Hollande, et les chaînes rocailleuses et brisées des montagnes Bleues, coupées de glens, ce qui nous explique cette forme insolite et cette faculté qu'ils ont de faire des sauts de sept à huit pieds de haut.

Figurez-vous un animal de huit à neuf pieds de long depuis le museau jusqu'au bout de la queue, au pelage court et mollet d'un gris rougeâtre, à la tête petite, allongée, surmontée de deux oreilles larges et droites; ajoutez à cela un tronc étroit et haut, et qui augmente graduellement de volume vers le bassin et les membres dont les antérieurs, sont à peine ébauchés, et dont les postérieurs atteignent jusqu'à trois pieds sept pouces de long, et vous aurez une idée générale de l'animal qui nous occupe.

Avec les premières, l'animal porte les aliments à sa bouche et forme son terrier ; avec les jambes de derrière il exécute les fameux sauts dont nous venons de parler. Sa queue, qui lui sert de défense, est longue, épaisse à son origine, et se termine en pointe. Les habitants des contrées où vivent ces animaux, convaincus d'abord que cette queue constituait son unique moyen de défense, ont reconnu dans leurs chasses avec des lévriers, qu'il use également de ses griffes et de ses dents. Lorsqu'il est atteint par les chiens, il se retourne, et, les saisissant avec ses pattes de devant, il les frappe avec celles de derrière qui sont extrèmement fortes, et les déchire à un tel point, que les chasseurs sont souvent forcés de faire panser leurs blessures. Les kangourous sont chassés et fréquemment tués par les chiens de l'Australie, beaucoup plus féroces que nos lévriers.

Il existe dans l'Australie une espèce de kangourous que les naturels désignent sous le nom de *vieillard*. Elle atteint quelquefois une longueur de deux mètres ; aussi forte que hardie, elle repousse avec courage les attaques des chiens et même celles des hommes. On lit dans le journal du voyageur Haydon, qu'un matin, un chasseur étant sorti du village qu'il habitait, près de Giff's-Hand, pour aller à la poursuite des kangourous, ne tarda pas à découvrir un de ces animaux. Il lança sur lui ses chiens, mais ils furent tués, sauf un seul, qui revint près de son maître. Le kangourou prit la fuite. Le chasseur, quoique sans armes, continua son expédition. Bientôt il aperçut un *vieillard*, contre lequel il excita l'unique chien qui lui restait. Près de là était un marécage ; le kangourou s'y retira. Il fut attaqué de nouveau par le chien et par le chasseur. Forcé de choisir entre ces deux ennemis, il s'attaqua surtout à l'homme, qu'il parvint à entraîner avec lui assez avant dans le marais. Une fois là, il ne chercha plus à prolonger la lutte, mais se borna à pousser dans l'eau la tête de l'homme, et à l'y replonger chaque fois que celui-ci parvenait à la dégager pour reprendre sa respiration et s'efforcer de se rapprocher du bord. Le chien, cependant, n'abandonnait pas son maître et combattait le kangourou autant que le lui permettait ses forces ; mais affaibli par les blessures qu'il avait reçues et par la perte de son sang, il pouvait à peine se soutenir sur ses pattes. Cependant le chasseur poussait des cris de désespoir et se débattait en vain sous l'étreinte du *vieillard*, lorsque, attiré par le bruit, un voyageur qui traversait cette solitude se dirigea vers le lieu de la scène. Ce nouveau venu, n'apercevant d'abord que le chien blessé et l'énorme kangourou tranquillement assis au milieu du marais, allait lui tirer un coup de fusil : déjà le doigt était sur la détente, lorsqu'il remarqua une tête humaine tout ensanglantée qui paraissait au-dessus de l'eau entre des plantes marécageuses. Changeant aussitôt de dessein, le voyageur s'empressa de porter secours au chasseur. Les blessures du pauvre homme étaient heureusement légères. Tandis que le voyageur le ramenait au rivage, le *vieillard* sortit du marais et disparut à travers les bois.

Les nègres australiens sont fort friands de la chair et de la peau des kangourous ; ils se font des manteaux avec leur fourrure, se servent des nerfs de la queue comme de fil, pour coudre les peaux de phalangers qui servent de tablier à leurs femmes, et arment la pointe de leurs zagaies avec leurs dents inférieurs. Mais ce n'est que par ruse qu'ils parviennent à les approcher et à les tuer avec leurs longues javelines qu'ils savent lancer avec une excessive adresse.

Le kangourou, pour manger, se tient sur ses quatre pattes comme la plupart des autres mammifères ; il boit en lapant. Dans l'état de captivité, il s'amuse à faire des bonds en avant et à frapper la terre avec beaucoup de violence de ses pieds de derrière. Ce qu'il y a en outre de très-remarquable dans cet animal, c'est la facilité, qui lui est commune il est vrai avec le *mus maritimus*, de séparer à une distance considérable les longues dents incisives de sa mâchoire inférieure.

On prétend que la chair du kangourou est fort grossière. Banks, néanmoins, la compare à d'excellent mouton ; mais il convient qu'elle n'est pas aussi délicate que celle qu'il a souvent vue au marché de Leadenhall. Oxley, dans ses excursions dans l'intérieur de la Nouvelle-Galles, trouva dans ces animaux une ressource en viande fraîche dont il se plaît à constater la bonté en la comparant à celle du bœuf. « Arrivé à la montagne des Kangourous, dit-il, je tuai un de ces animaux de la plus forte taille que j'aie encore vu, car il pesait de cent cinquante à cent quatre-vingts livres. Ils y vivent en troupes comme les moutons, et je n'exagère pas en disant que j'en ai compté des centaines d'individus. » Péron, dont les voyages dans ces contrées sont devenus célèbres, nous donne sur ces animaux des détails précieux. « Chaque espèce de kangourou, dit-il, est fixée par la nature sur telle ou telle île, sur telle ou telle terre, et nul individu ne se montre au delà des limites particulières qui sont imposées à son espèce. Privés de tout moyen d'attaque ou de défense, les kangourous à bandes, comme tous les êtres faibles, et particulièrement comme le lièvre de nos climats, ont un caractère extrêmement doux et timide. Le plus léger bruit les alarme ; le souffle du vent suffit quelquefois pour les mettre en fuite ; aussi, malgré leur grand nombre sur l'île Ber-

nier, la chasse en fut d'abord très-difficile et très-précaire.
Dans les buissons impénétrables de l'île, ces animaux pouvaient impunément braver l'adresse de nos chasseurs et
leur activité. Réduits à quitter un de ces asiles, ils en
sortaient par des routes inconnues, et s'élançaient rapidement sous quelque autre buisson voisin, sans qu'il fût
possible de concevoir comment ils pouvaient aussi facilement s'enfoncer et disparaître au milieu de ces labyrinthes
inextricables. Mais bientôt on s'aperçut qu'ils avaient pour
chaque buisson plusieurs petits chemins couverts qui, de
divers points de la circonférence, venaient aboutir jusqu'au
centre, et qui pouvaient, au besoin, leur fournir des issues
différentes, suivant qu'ils se sentaient plus menacés vers tel
ou tel point; dès cet instant, leur ruine fut assurée. Nos
chasseurs se réunirent, et tandis que quelques-uns d'entre
eux battaient les broussailles avec de longs bâtons, d'autres
se tenaient à l'affût au sortir des petits sentiers, et l'animal,
trompé par son expérience, ne manquait pas de venir s'offrir
à des coups presque inévitables. La chair de ces animaux
nous parut, comme à Dampier, assez semblable à celle du
lapin de garenne, mais plus aromatique que cette dernière.
C'est au surplus la meilleure chair de kangourou que nous
ayons trouvée depuis, et, sous ce rapport, l'acquisition de
cette espèce serait un bienfait pour l'Europe.

Les Sarigues

Les sarigues, qui sont les plus anciennement connues des
marsupiaux, appartiennent au nouveau continent. Cependant,
parmi les espèces antédiluviennes, quelques-unes habitaient

les parties du globe qui correspondent non - seulement à l'Europe, mais à la France, à Paris même, car on en a découvert des ossements dans les plâtrières qui avoisinent cette ville.

Le mot *sarigue* paraît découler du nom brésilien *carigueya*, donné à une espèce du genre. Pison cite toutefois le nom *jupatiima*. Les Mexicains adoraient un de ces animaux sous le nom de *chouchouacha*. Plusieurs peuplades indiennes ont adopté le nom de *manicou*. Les Anglo-Américains nomment les espèces de leur territoire *opossum*, et les Mexicains *tlaquatzin*, suivant Hernandez.

Les sarigues ont le museau aigu, la denture acérée et complète, la queue plus ou moins nue ou enroulante, les ongles crochus, et, aux pieds de derrière, un pouce assez allongé et opposable aux autres doigts, à peu près comme la main de l'homme, ce qui les a fait désigner quelquefois par l'épithète de *pédimanes*. Une seule espèce, qui habite quelques parties chaudes de l'Amérique méridionale, a comme la loutre, les doigts réunis par une membrane. Buffon l'a décrite sous le nom de *petit loutre de la Guyane*. C'est un charmant petit animal, un peu plus gros qu'un rat, couvert d'une fourrure très-recherchée au poil long, fin et agréablement nuancé de gris, de brun et de blanc. En Colombie, on se sert de la peau de ce chironecte pour confectionner des trousses à cigare, et la queue sert en guise de ruban à maintenir le paquet attaché.

Dès 1526, le premier historien de l'Amérique, Oviédo, donnait une description très-exacte de la *churcha*. « La *churcha*, dit-il, est un animal de la grandeur d'un petit lapin, et de couleur tirant sur le fauve; elle a le poil long et menu, le museau pointu, les dents les plus aiguës; la queue, qui est très-longue, est faite comme celle d'un rat, et ainsi sont les oreilles. A la Terre-Neuve, la churcha, comme en Espagne la fouine, entre de nuit dans les maisons et tue les poules pour en sucer le sang; car si elle se contentait de manger la chair, une seule poule serait plus que suffisante pour son repas, tandis que ne faisant que boire le sang, elle égorge successivement de dix à douze poules, et davantage même, si on ne vient au bruit. Mais ce qui est singulier et on peut dire vraiment admirable, c'est que si, dans le temps où la churcha fait ses expéditions dans les poulaillers, elle se trouve avoir des petits, elle les porte avec elle dans son giron. Sous le ventre, elle a une bourse formée par deux replis de la peau, dirigés d'avant en arrière, à peu près comme on en peut faire une dans un manteau en pinçant de haut et de bas les deux plis contigus. Les deux bords de la fente que présente cette bourse dans son milieu, sont, quand l'animal le veut, si étroitement rapprochés, que rien n'en peut sortir; de sorte que, même pendant qu'il court, les petits, contenus dans cette poche, ne sont pas en danger de tomber; quand elle le veut aussi, elle ouvre la bourse et laisse sortir ses petits, qui courent à terre pour venir boire leur part du sang des poules égorgées. Quand la churcha entend que l'on vient aux cris des poules, surtout si on vient avec de la lumière, elle remet ses petits dans la bourse et s'enfuit par où elle était venue; ou si on lui barre le passage, elle monte le long de la charpente du toit, cherchant quelque trou pour s'y cacher. Comme cependant on les prend souvent mortes ou vivantes, on a pu très-bien observer ce que j'en ai dit. J'ai vu moi-même la chose, et à mes dépens, car les churchas ont plus d'une fois tué des poules dans ma maison. La churcha est un animal qui sent très-mauvais, qui, par le poil, la queue et les oreilles, ressemble au rat, mais qui est bien plus grand. »

La famille des sarigues est formée par cinq groupes principaux : les *philanders*, les *micourés*, les *péramys*, les *thylacothères* et les *chironectes*. Chacun de ces groupes se divise en un nombre plus ou moins considérable d'espèces. Les philanders habitent les forêts de la Guyane, du Brésil et de la Floride. Les micourés, à la poche incomplète, peuplent les savanes des mêmes régions et se trouvent de plus au Chili et à la Californie. Les péramys, qui vivent dans des trous, se rencontrent au pied des buissons des pampas de la Plata et de Maldonado. Enfin les chironectes ont une existence semi-aquatique, et fréquentent les rivières de la Guyane et du Brésil à la manière du rat d'eau.

Les vrais sarigues, ou les philanders, ont une intelligence fort obtuse, mais montrent pour leurs petits une excessive tendresse. Ils exhalent une odeur très-désagréable et sont dans presque toutes les provinces un objet d'aversion. Malgré l'horrible puanteur de ces animaux, les habitants de la province de Pasto font des pâtés de leur chair, dont la saveur a été jugée égaler celle du cochon de lait et même du poulet.

Comparables au chat pour le volume, les philanders ont le pelage mêlé de blanc et de noirâtre, et les oreilles bicolores, c'est-à-dire moitié noires et moitié blanches; leur tête est presque toute blanche. D'une agilité extrême dans les arbres, les philanders marchent mal; ils sautent d'arbre en arbre, de branche en branche, se balancent au moyen de leur queue enroulante. A demi nocturnes, ces animaux font le soir la chasse aux lézards et aux jeunes oiseaux, dont ils mangent également les œufs. Le jour, ils dorment tout enroulés dans les crevasses des arbres. Ils font la désolation des ménagères en dévastant les poulaillers, et sont tout aussi redoutables pour les plantations, car poussés par la faim ils se nourrissent des graines ensemencées.

Les crabes forment la principale nourriture d'une espèce d'opossum, qui a pour cela reçu le nom de *sarigue-crabier* ou *chien-crabier*. Delaborde assure que cet animal va pêchant sur les rivages les crustacés qu'il tire à lui en introduisant l'extrémité de sa queue entre leurs pinces. Parfois le crabe le pince si fortement qu'il lui arrache des cris de douleur.

Les micourés ou marmoses, qui n'ont pas, comme les précédents, de poche marsupiale complète, mais n'ont qu'un simple repli de la peau de chaque côté du ventre, portent leurs petits sur leur dos. Ceux-ci se cramponnent par leurs griffes à son pelage, et roulent leur queue prenante sur la queue de la mère qui les dérobe par la fuite aux poursuites de leurs ennemis. Cette espèce vit principalement de poissons et d'écrevisses, bien qu'elle ne dédaigne point les fruits et les racines. Les micourés soufflent comme les chats et mordent avec violence. Leur graisse est regardée comme infaillible pour la guérison des hémorrhoïdes.

Les Ruminants

Les ruminants tirent leur nom de la faculté singulière qu'ils possèdent de ramener les aliments dans la bouche après les avoir ingérés une première fois dans l'estomac pour les mâcher plus complétement, en un mot, de les ruminer, faculté qui tient à la disposition de leur estomac.

Les mammifères qui en font partie sont presque tous de forte taille et de moyenne grandeur, et presque tous ont des formes sveltes et gracieuses.

Les ruminants se rencontrent sur presque toutes les régions du globe. Les uns, tels que les rennes, sont relégués dans les régions polaires, tandis que d'autres, girafes, dromadaires, vivent parmi les espaces intertropicaux. Il en est qui résident au sein des déserts : les chameaux. D'autres ne fréquentent que les montagnes élevées : les bouquetins, les chèvres. D'autres se rencontrent dans les plaines : les buffles.

Le pelage des ruminants est formé de poils raides et courts dans les espèces qui habitent les régions chaudes et tempérées. La toison devient plus longue chez ceux qui vivent dans le Nord ou sur les montagnes élevées.

La tête de ces animaux est ordinairement surmontée de cornes ou de bois. Ces armes offrent d'assez grandes différences dans leur forme. Les cornes sont dures, lisses, et persistent toujours. Les bois au contraire sont inégaux, branchus, et tombent ordinairement tous les ans.

Les ruminants manquent ordinairement d'incisives à la mâchoire supérieure, excepté chez les chameaux, qui n'en ont qu'un fort petit nombre. Les canines manquent aussi ordinairement. Cependant chez le musc on observe deux grandes dents qui sortent de la bouche et ressemblent à des défenses.

Les dents molaires ont ordinairement leur couronne marquée de deux doubles croissants, et sont aplaties et disposées de manière que, dans les mouvements latéraux de la mâchoire, elles puissent moudre comme entre des meules les graines ou les autres substances végétales dont ils se nourrissent.

Cette action de broyer est due à la disposition des condyles de la mâchoire, dirigés de telle sorte, qu'ils déterminent entre les dents des mouvements latéraux très-propres à moudre.

Les pieds se terminent par deux sabots qui se touchent par leur face interne, qui est plate ; de telle sorte que le sabot semble unique et simplement fendu : de là, le nom de pieds-fourchus donné à ces animaux.

Leurs yeux sont généralement grands ; et à la région antérieure et interne de l'œil, on trouve, chez un grand nombre de ces animaux, des cavités appelées larmiers, qui se rencontrent surtout chez les cerfs et les antilopes.

Leurs oreilles sont longues et mobiles.

La rumination est une faculté qui tient à la disposition de leur estomac. Ce dernier est formé de quatre poches ou quatre estomacs, désignés sous le nom de panse, bonnet, feuillet et caillette.

Le premier, ou la panse, appelé aussi herbier, est d'un volume bien plus considérable que les autres, il occupe même une grande partie de l'abdomen. C'est dans cette première poche qu'arrivent les herbes après avoir été divisées par une première mastication très-imparfaite.

Le second estomac, ou le bonnet, est petit, de forme globuleuse, et garni intérieurement de lames réticulaires analogues aux alvéoles des abeilles.

Le troisième, ou le feuillet, est plus ou moins développé, partagé intérieurement par un grand nombre de lames verticales.

Enfin, on appelle caillette le quatrième estomac, qui est petit, à parois épais, et dans lequel les aliments sont vraiment digérés. Le nom de *caillette* vient de ce que chez les jeunes animaux le lait qu'ils avalent passe directement dans cet estomac, où il est caillé aussitôt.

Les aliments, mâchés d'abord grossièrement, sont avalés par l'animal, et ils vont dans le premier et dans le deuxième estomac ; ils y font un certain séjour, et ils s'y ramollissent. Lorsqu'ils sont restés ainsi pendant quelque temps, ils remontent, par suite de la volonté de l'animal, dans la bouche, où ils sont de nouveau mâchés, bien imbibés de salive et réduits en particules très-fines; ils sont avalés une seconde fois, et vont se rendre dans la caillette, où ils sont digérés, et de là ils passent dans l'intestin.

Les ruminants sont des animaux paisibles qui vivent exclusivement de végétaux. En général ce sont des animaux timides et craintifs. Il n'y a que les grandes espèces qui, confiants dans leur force, se défendent courageusement contre leurs ennemis.

Quelques-uns de ces animaux ont une existence solitaire; d'autres vivent réunis en petit nombre; d'autres enfin se rassemblent en troupes nombreuses.

De tous les mammifères, les ruminants sont ceux dont l'homme tire le plus de services. Plusieurs sont employés comme bêtes de somme; leur chair est celle dont il se nourrit habituellement; leur toison sert à tisser les étoffes dont il forme ses vêtements, et leurs téguments, convenablement préparés, nous donnent les cuirs ou les diverses peaux si employés dans les arts et l'économie domestique.

Les Bœufs

Dens toutes les parties de l'ancien monde où le climat et la nature du sol ont permis de se livrer avec succès aux travaux de l'agriculture, le bœuf a toujours été considéré comme le plus utile serviteur de l'homme, et afin de mieux assurer sa vie, les lois civiles et religieuses à l'enfance des sociétés l'ont souvent pris sous leur sauvegarde. Jusque dans les temps modernes, les Grecs de l'île de Chypre et de quelques autres contrées refusaient de se nourrir de sa chair;

et ils voyaient presque du même œil le laboureur qui tue le compagnon de son travail, et l'homme qui mange l'ennemi qu'il a tué à la guerre.

« Le bœuf, dit Pline, était si précieux chez nos ancêtres, qu'on a cité l'exemple d'un citoyen accusé devant le peuple et condamné parce qu'il avait tué un de ses bœufs pour satisfaire la fantaisie d'un jeune homme qui lui disait n'avoir jamais mangé de tripes ; il fut banni comme s'il eût tué son métayer. »

On sait combien cet animal était honoré dans l'ancienne Egypte : on n'en tuait guère que pour les sacrifices, et même il était défendu de mettre à mort ceux qui avaient travaillé ; lorsqu'ils mouraient, on leur faisait des funérailles ; enfin, pour attirer sur l'espèce entière plus de ménagement et de respect, on avait mis un bœuf au rang des divinités.

Dans l'Inde, le bœuf a été aussi l'objet d'une espèce de culte. Aujourd'hui encore il y a des individus de cette espèce qui sont consacrés et que l'on nomme *bœufs brahmines*. On les voit se promener librement dans les villages indous, entrer dans les marchés et prendre, sans qu'on s'y oppose, tout ce qui leur convient en herbes ou en légumes. Le marchand qui est favorisé de cette préférence la tient à grand honneur et s'en réjouit avec sa famille : souvent même on prévient les désirs de l'animal et on lui présente les aliments qu'on croit devoir être de son goût.

Sans le bœuf, dit Buffon, les pauvres et les riches auraient beaucoup de peine à vivre : la terre demeurerait inculte, les champs et même les jardins seraient secs et stériles. C'est sur lui que roulent tous les travaux de la campagne : il est le domestique le plus utile de la ferme, il fait toute la force de l'agriculture. Autrefois il faisait toute la richesse des hommes, et aujourd'hui il est encore la base de l'opulence des états qui ne peuvent se soutenir et fleurir que par la culture des terres et par l'abondance du bétail. »

Le bœuf ne convient pas autant que le cheval, l'âne, le chameau, etc., pour porter les fardeaux; la forme de son dos et de ses reins le démontre; mais la grosseur de son cou et la largeur de ses épaules indiquent assez qu'il est propre à tirer et à porter le joug. Il semble avoir été fait exprès pour la charrue; la masse de son corps, la lenteur de ses mouvements, le peu de hauteur de ses jambes, tout, jusqu'à sa tranquillité et sa patience dans le travail, semble concourir à le rendre propre à la culture des champs, et plus capable qu'aucun autre de vaincre la résistance constante et toujours nouvelle que la terre oppose à ses efforts.

Les bœufs sont généralement d'une taille élevée et d'une force considérable : celle-ci, en leur inspirant du courage, leur permet de lutter avec avantage contre les attaques des carnassiers les plus redoutables : aussi ils ne fuient pas comme le font beaucoup d'autres ruminants qui deviennent ordinairement leur pâture ; mais ils les attendent avec calme et souvent même les éventrent à l'aide de leurs cornes.

Le bœuf, qui, depuis près de six mille ans, est soumis au pouvoir de l'homme, a subi certaines modifications organiques qui font qu'il est presque impossible de remonter au type primitif. Les auteurs lui ont donné comme origine, les uns l'*urus*, les autres l'*aurochs*, deux espèces sauvages que l'on retrouve encore dans quelques parages, mais qui tendent à disparaître de la surface du globe.

Le bœuf peut vivre sous toutes les latitudes, car sa race s'est répandue avec une égale facilité dans les cinq parties du monde. Partout où l'homme civilisé s'est établi en émigrant, le bœuf l'y a suivi. C'est l'animal colonisateur par excellence. Mais si l'espèce est une, les variétés sont extrêmement nombreuses ; il n'y a pas pas de nation qui ne possède

des races de bœufs modifiés par la latitude. L'Angleterre et
la France comptent même leurs variétés par le nombre de
leurs provinces, et un homme exercé distingue au premier
coup d'œil les traits qui caractérisent chacune d'elle, traits
indélébiles, dus sans doute au sol qui les nourrit et aux
transformations produites par les soins particuliers dont elles
ont été l'objet.

Les allures du bœuf sont généralement lentes et lourdes.
Cependant, lorsqu'on les excite, on les voit quelquefois
bondir avec violence et exécuter une course rapide. Ceux
qui vivent abandonnés dans les prairies, ou qui ont repris la
vie sauvage, paraissent être surtout farouches et dangereux :
leurs cornes sont les armes qu'ils emploient le plus souvent
pour terrasser leurs ennemis, et souvent quand ceux-ci n'ont
qu'une dimension peu considérable, ils les lancent en l'air
avec elles à une grande élévation, après les en avoir percés.
Dans toutes les campagnes on sait que lorsque les plus
vigoureux de nos carnassiers, les loups, attaquent les bœufs
dans nos pâturages, ces animaux se groupent en un cercle
au centre duquel se placent les individus les moins forts, et
de toutes parts ils présentent un rempart de cornes à l'ennemi
qui rôde autour d'eux.

Souvent, lorsque l'animal carnassier ne s'éloigne pas après
quelque temps d'attaque, un des plus vigoureux s'élance
hors des rangs et lui donne la chasse.

Les agronomes ont remarqué que le bœuf était susceptible d'attachement non-seulement pour celui qui le soigne,
mais encore pour les individus de son espèce qu'on lui asso-
cie : on a observé depuis longtemps que les couples de ces
animaux qui sont habitués à être attelés ensemble à la charrue ne travaillent pas avec autant d'ardeur quand on les
dissocie. Quoique d'un naturel doux, il est enclin à l'irasci-
bilité, et il faut dire que les agriculteurs, par la mauvaise

direction de leurs moyens coercitifs et la brutalité de leurs agents, rendent souvent furieux ces animaux, dont avec des traitements doux on eût obtenu les plus grands services.

L'aurochs est un des mammifères les plus importants de ce genre; il a été considéré par plusieurs auteurs comme la souche de nos bœufs domestiques ; mais, depuis Cuvier, on suppose qu'il provient plutôt d'une autre espèce de bœuf, qui a disparu de la surface de la terre.

L'aurochs, qui ne le cède en taille et en force qu'à l'éléphant et au rhinocéros, était répandu dans les immenses forêts qui recouvraient toute l'Europe tempérée. Du temps de César, il se trouvait encore dans celles de la Germanie ; depuis, il s'est retiré dans les forêts de la Lithuanie, où son espèce diminue, et dans quelques années il est probable qu'elle s'anéantira complétement, ainsi que l'ont fait déjà d'autres espèces.

Ces animaux sont d'un naturel sauvage et féroce ; mais, pris jeunes, on peut adoucir leur caractère. On les chasse pour leur chair, leur toison et leur cuir; mais on court quelque danger en les attaquant, parce que, quand ils sont blessés, ils s'élancent violemment contre les chasseurs.

Une autre espèce de bœuf est le bison, qui habite par troupes dans les parties tempérées de l'Amérique. L'été il vit dans les forêts ; il en sort au printemps pour se porter du midi au nord, et en automne pour aller du nord au midi. Dans ces sortes d'émigrations, ils marchent souvent en troupes très-nombreuses, vingt mille et plus, dit-on. Ils sont fortement serrés les uns contre les autres, et ceux de derrière poussent ceux qui les précèdent. S'il survient quelque obstacle, ceux de derrière poussent toujours : il en résulte une cohue et une confusion énorme qui cause la mort d'un grand nombre, qui sont étouffés ou foulés aux pieds par les autres.

Le bison est farouche, mais non féroce : il fuit devant l'homme et ne l'attaque que lorsqu'il est blessé. Il n'est pas indomptable, comme on l'a dit. Les Indiens leur font la chasse pour avoir leur cuir et leur chair ; ils leur dressent aussi des piéges ; et l'un de ceux-ci consistent à les faire entrer dans une vaste enceinte garnie de pieux : on peut alors en une seule chasse en tuer un très-grand nombre.

Enfin une dernière espèce est le bœuf musqué, qui n'est bien connu que depuis les dernières explorations des mers polaires. Il fréquente les limites de la terre habitable et au milieu des glaces. Son extérieur justifie quelque peu le nom qu'il porte ; mais ses habitudes diffèrent beaucoup de celles de toutes les autres espèces de la race bovine. Tout son corps, à l'exception du museau, est recouvert d'une épaisse fourrure : ses cornes sont courtes, aplaties et recourbées. Ils habitent la Georgie du Nord et l'île Melville.

Les bœufs musqués sont ordinairement en petites troupes, et ils paraissent se plaire autant dans leurs affreux déserts que le bétail de nos climats dans ses prés verdoyants et parfumés. Comme les bisons ils émigrent, et leurs migrations s'étendent fort loin. On présume qu'ils vont hiverner sur le continent américain, en des lieux où les arbres peuvent leur fournir quelques aliments lorsque tout est couvert de neige. Ce qui rend ces voyages encore plus surprenants, c'est qu'ils en font une partie sur des glaces raboteuses hérissés d'obstacles de toutes sortes et qui ne leur offrent aucun aliment. Ces traversées d'une terre à l'autre sont quelquefois d'une cinquantaine de lieues, rien ne leur indique la route qu'ils doivent suivre, et ils arrivent cependant à des époques assez régulières. Ils préfèrent les pâturages voisins des bois, se plaisent à franchir des ravins et à gravir des roches escarpées.

Cet animal est connu des Esquimaux. Sa chair a une

odeur de musc d'autant plus forte que l'animal est plus maigre.

On approche assez facilement des troupeaux de bœufs musqués en prenant le dessus du vent ; mais le chasseur doit prendre ses mesures pour ne pas manquer son coup d'abattre l'animal sur lequel il a fait feu. S'il ne l'a que blessé, il courra les plus grands dangers ; car s'il ne parvient pas à se dérober par la fuite, ou s'il manque de secours, il est perdu : le bœuf musqué attaque le chasseur à coups de cornes et ne tarde pas à lui faire de mortelles blessures.

On s'est servi du bœuf non-seulement au point de vue de l'utilité, mais encore pour récréer certains peuples. C'est ainsi qu'en Espagne le combat de taureaux passe pour un des plus beaux spectacles. Dans d'autres pays, on fait combattre d'autres animaux contre les taureaux rendus furieux.

Les combats de taureaux étaient autrefois un objet d'art chez les Espagnols, et ceux qui osaient descendre dans l'arène étaient un objet de vénération pour tout le monde. Cet usage a été transmis à l'Espagne par Rome même, qui dans les jours de fêtes faisaient combattre des hommes contre des animaux féroces. Ces combats de taureaux sont très-goûtés en Espagne, et ils attirent toujours une foule immense ; on assure que le produit des places louées s'élève quelquefois en un jour à 120 mille réaux.

L'arène où la lutte a lieu est une espèce de cirque entouré de gradins, et dans cette arène se trouvent des cavaliers revêtus de l'antique costume espagnol et ceux qui doivent combattre l'animal. Au signal donné l'animal est introduit dans l'arène et est aussitôt salué par les cris bruyants des spectateurs. Les cavaliers armés de lances commencent à attaquer l'animal, ils le piquent, l'excitent, et lorsqu'il est devenu furieux par la douleur, ils se retirent. Le véritable intérêt commence alors. Les combattants portent sur le bras gauche des morceaux d'étoffes de différentes couleurs ; ils se présentent devant l'animal, l'excitent et lui présentent ces étoffes. Le taureau furieux se précipite sur eux, et le talent consiste à éviter les coups en présentant le morceau d'étoffe à l'animal, qui s'épuise en vains efforts en y donnant des coups de cornes destinés à l'homme. Il faut une rare agilité pour échapper à la fureur de l'animal. Enfin, quand ce jeu barbare a duré assez longtemps, les spectateurs appellent le torreador, qui se présente tenant d'une main une bannière et de l'autre une épée : il s'approche de l'animal, l'excite encore, et lorsque le taureau furieux baisse la tête pour se venger, le torreador lui plonge son épée dans le cou et l'étend mort à ses pieds. Une fois ce dernier coup porté, les bravos et les applaudissements éclatent de toutes parts.

Dans d'autres pays on recherche surtout les combats d'animaux féroces entre eux. Ces combats destinés aux divertissements publics sont très-goûtés, et entre autres, à Java, où l'on fait combattre le buffle contre le tigre royal. Le tigre et le buffle sont introduits dans une cage faite de forts bambous et d'environ dix pieds de diamètre. Leur première rencontre dans ce lieu étroit est terrible. Le buffle est l'assaillant, il pousse avec violence son adversaire contre les barreaux, ou il cherche à l'écraser, tandis que le tigre essaie de sauter sur la tête et sur le dos du buffle. Après le premier choc, il y a ordinairement une riposte ; cependant quelquefois le buffle écrase le tigre du premier bond.

D'autres fois les animaux sont transportés dans une vaste plaine garnie tout autour d'un quadruple rang de Javanais armés de piques. Lorsque tout est prêt, on ouvre par le haut la cage du buffle, et on l'excite en le piquant avec des bâtons pointus. Quant au tigre, on le provoque en l'incommodant par des tourbillons de fumée et en lui jetant de l'eau bouillante.

Les Javanais chargés du périlleux emploi de faire sortir les animaux de leur cage ne peuvent quitter la place qu'après avoir plusieurs fois salué le prince, qui alors leur fait signe de se retirer pour aller se placer dans les rangs des autres gardes, et il ne leur est permis de le faire que d'un pas fort lent et jamais en courant.

Les Cerfs

Le cerf, le plus grand des animaux sauvages de la France, se trouve dans beaucoup de forêts. Il était autrefois contemporain des éléphants, des rhinocéros, des hyènes, et on retrouve ses ossements mêlés à ceux de ces animaux. Il a habité anciennement toute l'Europe, et l'on en retrouve des débris jusque dans les climats les plus froids; mais depuis l'apparition de l'homme il a abandonné ces régions hyperboréennes. Une espèce même, le cerf à bois gigantesque, a complétement disparu, et l'on ne peut juger de sa taille que par ce que l'on en retrouve dans les carrières et les tourbières de différents pays. Les débris de cet animal se rencontrent principalement en Irlande, et dans ce pays les nobles ornent souvent leurs appartements avec les bois de ce cerf, qui atteignaient parfois chacun huit pieds de long et quatorze pieds d'envergure.

Le cerf se trouve maintenant dans les climats tempérés, dans les bois de haute futaie ou dans les marécages.

« Voici, dit Buffon, l'un de ces animaux innocents, doux

et tranquilles, qui ne semblent être faits que pour embellir, orner la solitude des forêts, et occuper loin de nous les retraites paisibles de ces jardins de la nature. Sa forme élégante et légère, sa taille aussi svelte que bien prise, ses membres flexibles et nerveux, sa tête parée plutôt qu'ornée d'un bois vivant, et qui comme la cime des arbres se renouvelle tous les ans, sa grandeur, sa légèreté, sa force le distinguent assez des autres habitants des bois : et comme il est le plus noble d'entre eux, il ne sert aussi qu'aux plaisirs des plus nobles des hommes ; il a dans tous les temps occupé le loisir des héros. L'exercice de la chasse doit succéder aux travaux de la guerre, il doit même les précéder : savoir manier les chevaux et les armes sont des talents communs au chasseur et au guerrier.

Le pelage de ces animaux varie l'été et l'hiver : en été il est d'un brun fauve, l'hiver il est gris brun. Les bois qui ornent sa tête ne se rencontrent que chez le mâle. Les bois du cerf tombent chaque année, et ils sont remplacés par d'autres qui sont ordinairement plus fortes et prennent un nombre de ramifications plus considérable.

C'est au mois de mars ou d'avril que ces organes commencent ordinairement à pousser. Sur le lieu qui était occupé par les anciens bois, on voit d'abord une saillie qui s'étend de plus en plus, se ramifie, et en un mois acquiert tout son développement. Ces bois, de mous et flexibles, deviennent durs et résistants quand ils ont acquis tout leur développement. Tant qu'ils sont mous, ils sont sensibles, et les cerfs marchent la tête basse, crainte de les froisser contre les branches ; mais dès qu'ils ont pris de la solidité, ils les frottent contre les arbres pour les dépouiller de la peau dont ils sont revêtus, et alors ils peuvent à l'occasion s'en servir comme armes défensives.

Au printemps ils perdent leurs bois : lorsqu'ils sont

devenus mobiles et qu'ils ne se détachent pas d'eux-mêmes, il les accrochent à quelque branche ou tronc d'arbre, et par un léger effort ils s'en débarrassent. Il est rare que les deux côtés tombent précisément en même temps : souvent il y a un ou deux jours d'intervalle entre la chute de chacun des bois.

« Toute la vie du cerf, dit Buffon, se passe dans des alternatives de plénitude et d'inanition, d'embonpoint et de maigreur, de santé pour ainsi dire et de maladie, sans que ces dispositions si marquées et cet état toujours excessif altèrent sa constitution. Il vit aussi longtemps que les autres animaux qui ne sont pas sujets à ces vicissitudes : sa vie peut s'étendre jusqu'à trente ou quarante ans. »

La grandeur et la taille de ces animaux est fort différente selon les lieux qu'ils habitent. Les cerfs de plaines, de vallées ou de collines abondantes en grains ont le corps beaucoup plus grand et les jambes plus hautes que les cerfs des montagnes sèches, arides et pierreuses. Ceux-ci ont le corps bas, court et trapu; ils ne peuvent courir aussi vite, mais vont plus longtemps que les premiers; ils sont plus méchants; leur tête est ordinairement basse et noire comme un arbre rabougri dont l'écorce est rembrunie, au lieu que la tête des cerfs de plaine est haute et d'une couleur claire et rougeâtre comme les bois et l'écorce des arbres qui croissent en bon terrain.

Le cerf paraît avoir l'œil bon, l'odorat exquis, l'oreille excellente. Lorsqu'il veut écouter, il lève la tête, dresse les oreilles, et alors il entend de fort loin; lorsqu'il sort dans un petit taillis ou dans quelque autre endroit à moitié découvert, il s'arrête pour regarder de tous côtés, il cherche ensuite le dessous du vent pour sentir s'il n'y a pas quelqu'un qui puisse l'inquiéter.

D'un naturel assez simple, il est cependant curieux et

rusé ; lorsqu'on le siffle ou qu'on l'appelle de loin, il s'arrête tout court, regarde fixement et avec une espèce d'admiration les voitures, le bétail, les hommes, et s'ils n'ont ni armes ni chiens, il continue à marcher d'assurance et passe son chemin fièrement et sans fuir. Il paraît aussi écouter avec autant de tranquillité que de plaisir le chalumeau ou le flageolet des bergers, et les veneurs se servent quelquefois de cet artifice pour le rassurer. En général il craint beaucoup moins l'homme que les chiens. Il mange lentement ; il choisit sa nourriture, et lorsqu'il l'a prise, il cherche à se reposer pour ruminer à loisir. La cerf a la voix d'autant plus forte, plus grosse et plus tremblante, qu'il est plus âgé.

Le cerf ne boit guère en hiver, et encore moins au printemps ; l'herbe tendre et chargée de rosée lui suffit ; mais dans les chaleurs et les sécheresses de l'été, il va boire aux ruisseaux, aux mares, aux fontaines.

Les cerfs nagent parfaitement bien, on en a vu traverser de très-grandes rivières. Ils sautent encore mieux qu'ils ne nagent, et lorsqu'ils sont poursuivis, ils franchissent aisément une haie assez haute. Leur nourriture est différente suivant les saisons : en automne, ils cherchent les boutons des arbustes verts, les fleurs de bruyère, les feuilles de ronce ; en hiver, lorsqu'il neige, ils pèlent les arbres et se nourrissent d'écorces et de mousses ; et lorsqu'il fait un temps doux, ils vont dans les blés. En été ils ont de quoi choisir ; cependant ils préfèrent le seigle à tous les autres grains, et la bourgène à tous les autres bois.

La chasse au cerf, à cause des énormes frais qu'elle entraîne en chevaux, chiens, équipages, piqueurs, a été de tout temps un plaisir de prince ou de riche seigneur. Les chiens doivent être exercés, stylés, dressés. Le piqueur doit juger l'âge du cerf, et il doit savoir reconnaître si l'animal qu'il a détourné avec son limier est un daguet (cerf de deux ans); un jeune cerf (de trois ans); un cerf dix cors (de sept ans); ou un vieux cerf (dans sa huitième année ou au delà).

La chasse au cerf se fait à courre; la meute de chiens, composée de vingt à quarante de ces animaux, le poursuit jusqu'à ce qu'épuisé de fatigue il tombe mort ou mourant.

Les chasseurs, montés sur des chevaux ardents, suivent la chasse dans les diverses directions que prend le cerf, et lorsque ce dernier a succombé, les chasseurs se réunissent à l'endroit, sonnent du cor pour appeler les autres chasseurs. Pendant qu'ils gagnent le rendez-vous, on enlève la peau, la tête et les pattes de la bête; le reste est destiné aux chiens. Au signal donné, tous les chiens qui étaient maintenus à distance, sont envoyés sur les débris de la bête, qu'ils ne tardent pas à dévorer. Telle est la chasse au cerf, telle qu'elle se passe le plus habituellement; mais ce qu'il y a de plus enivrant pour un véritable chasseur, c'est la chasse au cerf sur le lac de Killarney.

Des chiens et des hommes à pied débusquent le cerf des bois qui s'élèvent sur la rive du lac. Les bords de l'eau sont d'immenses montagnes coupées à pic et couvertes de bois épais. Le cerf essaie rarement de gravir jusqu'à leur sommet, et lorsqu'on l'a fait sortir de sa retraite, il se dirige presque toujours du côté du lac. Pour bien jouir du plaisir de la chasse, le mieux est d'entrer dans une barque : on est porté sur les ondes au milieu du bruit des rames, des aboiements des chiens et des cris de joie qui retentissent dans les vallées environnantes.

Le cerf, épuisé de fatigue, arrêté par l'épaisseur des bois, éperdu, respirant à peine, cherche à dérober un reste de vie aux chiens qui le poursuivent. Le lac lui semble un refuge; il regarde encore une fois du côté des montagnes; leur élévation l'épouvante. Il s'arrête un moment encore; mais les chiens redoublent leurs cris, il faut s'y résoudre; il se précipite dans le lac pour fuir des ennemis acharnés. Ses cornes lui seront funestes; les bateaux et les chasseurs entourent le malheureux cerf, qui tâche de gagner l'île la plus proche : on le charge de liens, et on l'amène à terre en triomphe, où on l'immole pour jouir du spectacle de la curée.

Quoique fort timide et peu intelligent, le cerf ruse devant les chiens et emploie quelquefois des moyens surprenants pour leur échapper. C'est ainsi que parfois il cherche à mettre les chiens sur la piste d'un autre animal ou à se dérober lui-même par quelque autre artifice. Entre plusieurs exemples, on rapporte le suivant, qui se trouve mentionné par un savant naturaliste. Un vieux cerf, habitant un canton des bois de Meudon, vingt fois fut mis sur pied par la meute impériale, et vingt fois il échappa. Il se faisait battre dans la forêt pendant un quart d'heure; puis tout à coup il disparaissait, et ni hommes ni chiens n'en avaient plus de nouvelles; ce qui mettait les piqueurs au désespoir régulièrement tous les quinze jours. Enfin, un paysan que le hasard avait rendu plusieurs fois témoin de la ruse de l'animal le trahit, et le pauvre cerf fut pris. Voici comment il agissait. Après avoir fait deux ou trois tours dans le bois pour gagner du temps, il filait droit vers la route de Fontainebleau, se plaçait en avant d'une diligence ou d'une voiture de poste, trottait devant les chevaux qui effaçaient sa piste, et sans se presser davantage, sans s'effrayer des voyageurs à cheval, à pied ou en voiture, qu'il rencontrait, il faisait ses six lieues, et arrivait gaillardement dans la forêt de Fontainebleau, d'où il ne revenait que le lendemain quand le danger était passé.

Ce qu'il y a de plus surprenant, c'est que l'on a essayé de faire combattre le cerf avec d'autres animaux. Ainsi,

le duc de Cumberland, si célèbre par son goût pour toutes
sortes de jeux, eut l'idée de faire combattre l'un contre
l'autre un cerf et un tigre. Sur les bords de la route qui
conduit à Oscot, on forma un enclos entouré de palissades
de quinze pieds de haut; on y conduisit un vieux cerf, et
bientôt après un tigre les yeux bandés. Dès qu'il eut les
yeux libres et qu'il aperçut le cerf, il se traîna sur le
ventre comme un chat qui cherche à s'emparer d'une
souris. Cependant le cerf poursuivait les mouvements de
son adversaire et lui opposait toujours son bois formidable. En vain le tigre essayait de le prendre en flanc,
le cerf était trop habile tacticien pour se laisser tourner.
Enfin le duc demanda si en irritant le tigre on n'amènerait
pas l'issue du combat. On répondit que l'épreuve ne serait
pas sans danger, et cependant on essaya. Les gardiens
s'approchèrent du tigre et s'acquittèrent des ordres qu'ils
avaient reçus; mais, au lieu d'attaquer le cerf, il s'élança
furieux par-dessus la palissade. On conçoit le trouble des
assistants; chacun se crut la victime du tigre, qui, sans
s'occuper des spectateurs tremblants, s'enfuit dans un bois
voisin.

Les Girafes

Les girafes recherchent les contrées boisées des parties
centrales et méridionales de l'Afrique, où elles vivent par
petites troupes de six ou sept individus.

De tous les animaux, c'est assurément le plus long et
le plus élevé; elle est surtout remarquable par la longueur
démesurée de son cou qui n'a pas moins de cinq pieds,

par la hauteur disproportionnée de son garrot de dix-huit
pouces au moins plus élevé que sa croupe, et par ses deux
petites cornes persistantes et portées par le mâle et par la
femelle. Sa robe, d'un blanc grisâtre, présente de riches
maculatures d'un fauve foncé, et sa crinière grise et fauve
s'étend d'une extrémité à l'autre de l'animal.

Il résulte de cette singulière organisation, dit Boitard,
que la girafe est obligée de marcher l'amble, c'est-à-dire
de porter à la fois en avant les deux pieds du même côté,
ce qui ne contribue pas à donner de la grâce à ses mouvements. Quand elle trotte, c'est encore pis. Cet animal
vient-il à trotter, dit Levaillant, on croirait qu'il boîte, en
voyant sa tête perchée à l'extrémité d'un long cou qui ne
plie jamais, se balancer de l'avant en arrière, et jouer
d'une seule pièce entre les deux épaules qui lui servent
de charnières.

Quoique la girafe fût connue des anciens et qu'on
en vît paraître dans les cirques de Rome dès la dictature
de Jules-César, ses mœurs sont restées presque inconnues
jusqu'à ce jour, et l'on ne peut guère les déduire que de
ses formes, des habitudes très-douces des individus en
captivité, et de quelques informations prises chez les
Hottentots. La girafe se trouve dans toute l'Afrique
australe et en Abyssinie; elle vit en petites troupes de
six à sept, peut-être en famille. Pour boire, elle est
obligée de s'agenouiller ou d'entrer dans l'eau, et pour
atteindre la terre avec sa bouche, d'écarter beaucoup les
jambes de devant, afin de baisser son corps. Il en résulte
qu'elle se nourrit principalement de feuilles d'arbres et
de bourgeons, surtout de ceux d'une espèce de mimosa,
qu'elle peut cueillir à une grande hauteur et avec beaucoup
de facilité, grâce à sa lèvre supérieure très-mobile, et à sa
langue fort longue, grêle, noire, pointue, qu'elle a la

faculté de faire saillir de sa bouche de plus d'un pied, et d'enrouler autour des rameaux feuillés. Ses yeux sont grands, noirs, très-doux; et son caractère ne contredit pas son regard; car, en esclavage, elle est docile jusqu'à la timidité, et un enfant peut la conduire partout au moyen d'un simple ruban. Confinée dans les forêts, où elle entend chaque jour les rugissements du lion et de la panthère, elle n'a aucune arme à opposer à ces terribles ennemis que la fuite; mais elle est d'une grande agilité, et le meilleur cheval de course est incapable de l'atteindre; aussi échappe-t-elle assez aisément à ces animaux, qui bondissent pour saisir leur proie, mais ne la poursuivent jamais. Cependant elle ne manque pas absolument de courage; et si on s'en rapporte aux voyageurs, quand la fuite lui devient impossible, elle se défend en lançant à ses ennemis des ruades, qui se succèdent en si grand nombre et avec tant de rapidité, qu'elle triomphe même des efforts du lion.

Il est plus que probable qu'Aristote n'a point connu ces animaux, bien qu'une figure de l'un de ces ruminants se trouvât parmi les monuments de Thèbes sur un fragment qui représente les tributs offerts à Tholomès III, que l'on présume être le Pharaon sous le règne duquel les Israélites abandonnèrent l'Egypte.

Selon Pline, ce fut sous Jules-César que l'on en vit pour la première fois en Europe; et plus tard Gordien III en rassembla dix qui furent tuées aux jeux séculaires de Philippe. Après l'époque à laquelle le siége de l'empire fut transféré à Constantinople, elles semblent avoir été tout à fait oubliées, car les auteurs n'en font aucune mention, et Cuvier nous apprend que les modernes n'en virent en Europe qu'au xve siècle, durant lequel le soudan d'Egypte envoya à Laurent de Médicis un de ces animaux, qui est peint dans les fresques de Poggio-Cajano.

Il est peu de nos lecteurs qui n'aient entendu parler de la girafe envoyée par le pacha d'Egypte, Méhémet-Ali, à la ménagerie de Paris. Elle arriva accompagnée de deux vaches ses nourrices, pour lesquelles elle montra toujours beaucoup d'attachement.

C'est, dit Boitard, à M. Levaillant, mort il y a quelques années dans un état bien près de la misère, après avoir sacrifié sa fortune à de longs et périlleux voyages en Afrique, que l'on doit la première girafe empaillée qu'ait possédée le cabinet d'histoire naturelle.

Les Hottentots estiment beaucoup la chair de ces animaux, et, avec leur peau, ils font, entre autres ustensiles, des vases et des outres pour conserver l'eau. Ils l'attendent au passage, lui lancent des flèches empoisonnées, et la suivent à la piste pour s'en emparer lorsqu'elle meurt de sa blessure.

Restant toujours dans les limites que nous impose le plan de cet ouvrage, nous ne nous étendrons pas davantage sur l'histoire de cet animal, afin de consacrer une plus large place à ceux des mammifères qui présentent un intérêt plus réel.

Les Chameaux

Si la Providence n'avait fait naître le chameau dans les déserts de l'Asie et de l'Afrique, l'Arabe n'aurait pas conservé jusqu'à nos jours l'indépendance dont il est fier, le passage des caravanes n'aurait pu s'établir que sur un petit nombre de routes, et les mers de sables jetées sur notre terre entre des pays qui trafiquent avec activité, fussent demeurés inaccessibles à l'homme.

Les chameaux sont reconnaissables au premier coup d'œil, parce qu'ils ont sur le dos une ou deux bosses considérables formées par un amas de graisse.

Ces mammifères sont les plus intelligents des ruminants ; d'un naturel doux et paisible, ils se prêtent volontiers au service que l'homme réclame d'eux. Cependant on les voit quelquefois devenir furieux quand on leur fait subir de mauvais traitements, et chercher à en tirer vengeance.

Le chameau est célèbre par sa sobriété, et en effet, sous un ciel brûlant, à travers les déserts les plus secs et les plus arides, il peut soutenir la fatigue pendant trois ou quatre jours sans boire et ayant pour tout aliment quelques noyaux de dattes mêlés à un peu de riz ou de maïs. Il a dans l'estomac une sorte de poche dans laquelle il n'amasse pas une provision d'eau en buvant ainsi qu'on l'a dit et répété un grand nombre de fois, mais dans laquelle il s'en amasse continuellement et qui suinte du parois même de cette poche. En contractant ce singulier organe, il force l'eau à en sortir, à se mêler à ses aliments, ou à refluer jusque dans sa bouche.

Mais si les chameaux supportent longtemps l'abstinence de l'eau, ils en boivent une énorme quantité quand quelques sources s'offrent à eux ; il est certain que dans les déserts ces animaux sentent celle-ci à de grandes distances, et qu'alors, malgré leur épuisement, ils redoublent de vitesse à mesure qu'ils en approchent.

La satisfaction de la soif produit chez eux un changement extraordinaire. Lorsqu'ils sont épuisés par une longue course qui a duré plusieurs jours sous un soleil brûlant, ils sont devenus d'une sécheresse et d'une maigreur extrêmes ; après avoir bu et s'être un peu reposés, ils acquièrent immédiatement un tel embonpoint que le voyageur ne les reconnaît plus. Ce changement presque instantané ne peut être attribué qu'au transport du liquide dans toutes les parties du corps.

C'est sans doute à la graisse qui forment leurs éminences dorsales que ces ruminants doivent de supporter facilement une longue abstinence d'aliments solides. Cette graisse est absorbée comme celle des animaux hibernants, et elle les nourrit. Aussi, après une course longue, pénible et accompagnée de privations, leurs bosses ont presque complétement disparu, et la peau qui les recouvrait devient flasque et pendante.

Les deux noms de *dromadaire* et *chameau* ne désignent pas deux espèces différentes, ainsi que le dit Buffon, mais indiquent seulement deux races distinctes dans l'espèce du chameau. L'unique caractère sensible par lequel ces deux races diffèrent, consiste en ce que le chameau porte deux bosses et que le dromadaire n'en a qu'une ; ce dernier est aussi plus nombreux et généralement plus répandu que le chameau.

Le dromadaire est encore plus sobre que le chameau ; il peut marcher huit à dix jours en se nourrissant seulement avec quelques herbes sèches ou épineuses qui croissent dans les déserts, et il supporte la soif un même laps de temps.

La vitesse du chameau arabe ou dromadaire est prodigieuse. Chargé de cinq à six quintaux, il a pour allure habituelle un trot allongé, dont la vitesse égale celle du cheval au galop. Soutenant pendant six ou sept jours cette marche accélérée, il peut se transporter à trois cents lieues.

Il peut même au besoin faire en un jour une course beaucoup plus longue. On rapporte qu'un jeune Arabe tomba malade subitement, et que, dans son délire, il fut saisi d'un désir si violent d'avoir une orange pour rafraîchir sa bouche desséchée, qu'il serait inévitablement mort s'il n'eût été satisfait. Il n'y avait pas d'orange dans la ville, et pour s'en procurer il fallait aller à Maroc, éloigné d'environ trente-cinq lieues. Son frère, au point du jour, saute sur son chameau de prédilection et s'élance vers Maroc. Pendant toute la route il ne cessa d'exciter sa monture par des paroles animées, et ce fidèle animal, un peu après le coucher du soleil, avait ramené son maître aux pieds des remparts de la ville qu'il avait quittée le matin. Les portes étaient fermées; mais une sentinelle reçut les oranges, et son frère, qui se mourait, fut sauvé.

Les Arabes regardent le chameau comme un présent du ciel, un animal sacré sans le secours duquel ils ne pourraient ni subsister ni commercer. Ces mammifères fournissent en effet à presque tous les besoins de leurs possesseurs : ils leur donnent du lait, leur chair les nourrit, et avec le poil qui les recouvre, les Arabes confectionnent des vêtements qu'ils nomment *baracans*.

La fiente des dromadaires n'est pas même sans utilité; car, dans les pays arides, elle sert de combustible, et de sa suie on extrait du sel ammoniaque.

Aujourd'hui les dromadaires que l'on confond souvent avec les chameaux, et que l'on a ingénieusement nommés vaisseaux du désert, sont presque seuls employés par les Arabes pour traverser les immenses plaines de sable des pays qu'ils habitent. Ils portent mille à douze cents livres, et avec cette charge ils peuvent faire facilement dix lieues par jour. La musique leur plaît, et le son des instruments accélère leur course : aussi les guides dans les caravanes ont-ils l'habitude de jouer de quelque instrument.

Lorsque les Arabes viennent dans les villes vendre leurs provisions, ils déchargent leurs dromadaires aux portes de celles-ci, les font agenouiller, puis leur lient les jambes avec un faible lien, de manière que ces animaux ne puissent se relever; ils restent ainsi paisiblement couchés et sans nourriture, en attendant le retour de leurs maîtres.

« Avec leurs chameaux, dit Buffon, les Arabes, non-seulement ne manquent de rien, mais même ne craignent rien ; ils peuvent mettre en un jour cinquante lieues de désert entre eux et leurs ennemis. Toutes les armées du monde périraient à la poursuite d'une troupe d'Arabes. »

Un Arabe qui se destine au métier de pirate de terre s'endurcit de bonne heure à la fatigue des voyages ; il s'essaye à se passer de sommeil, à souffrir la faim, la soif et la chaleur. En même temps, il instruit ses chameaux, il les élève et les exerce dans cette même vue ; peu de jours après leur naissance, il leur plie les jambes sous le ventre, il les contraint à demeurer à terre, il les charge, dans cette situation, d'un poids assez fort qu'il les accoutume à porter et qu'il ne leur ôte que pour leur en donner un plus fort. Au lieu de les laisser paître à toute heure et boire à leur soif, il commence par régler leurs repas, et peu à peu les éloigne à de grandes distances en diminuant aussi la quantité de la nourriture. Lorsqu'ils sont un peu forts, il les exerce à la course, il les excite par l'exemple des chevaux, et parvient à les rendre aussi légers et plus robustes. Enfin, dès qu'il est sûr de la force, de la légèreté et de la sobriété de ses chameaux, il les charge de ce qui est nécessaire à sa subsistance et à la leur ; il part avec eux, arrive sans être attendu aux confins du désert, arrête les premiers passants, pille les habitations écartées, charge ses chameaux de son butin, et rentre avec eux dans les sables brûlants où l'on n'ose pas le poursuivre.

Ces chameaux font aisément trois cents lieues en huit jours, et pendant tout ce temps de fatigue et de mouvement, leur maître les laisse chargés, ne leur donne chaque jour qu'une heure de repos et une pelotte de pâte : souvent ils courent ainsi neuf à dix jours sans trouver de l'eau ; ils se passent de boire ; et lorsque par hasard il se trouve une mare à quelque distance de leur route, ils sentent l'eau de plus d'une demi-lieue ; la soif qui les presse leur fait doubler le pas, et ils boivent en une fois pour tout le temps passé et pour autant de temps à venir ; car souvent leurs voyages sont de plusieurs semaines, et leurs temps d'abstinence durent aussi longtemps que leurs voyages.

En Turquie, en Perse, en Arabie, en Egypte, le transport des marchandises ne se fait que par le moyen des chameaux : c'est de toutes les voitures la plus prompte et la moins chère.

« Ces pauvres animaux, dit Buffon, doivent souffrir beaucoup, car ils jettent des cris lamentables surtout lorsqu'on les surcharge ; cependant, quoique continuellement excédés, ils ont autant de cœur que de docilité : au premier signe ils plient les genoux et s'accroupissent jusqu'à terre pour se laisser charger dans cette situation, ce qui évite à l'homme la peine d'élever les fardeaux à une grande hauteur ; dès qu'ils sont chargés, ils se relèvent d'eux-mêmes. »

Il y a environ deux cents ans, on introduisit le chameau arabe en Italie, à Pise : il s'y est maintenu, bien qu'il ait éprouvé quelques modifications dans le caractère de sa race, et qu'il puisse même être regardé comme ayant dégénéré de sa nature primitive. On a remarqué qu'une antipathie très-prononcée s'était établie entre ces chameaux italiens et les chevaux du pays ; il faut beaucoup de précautions pour acclimater ceux-ci au voisinage et à la vue de leurs rivaux bossus. Dès qu'un cheval étranger se trouve en présence d'un chameau, il hérisse sa crinière, dresse les oreilles, tremble, bat la terre du pied, et, prenant le mors aux dents, se précipite à l'aventure à travers les champs. Il n'en est pas ainsi dans l'Asie, où ces deux animaux sont associés pour le service de l'homme et cheminent côte à côte en compagnons. On a attribué leur bonne intelligence dans l'Asie à l'habitude héréditaire d'une vie commune dont l'origine date d'un grand nombre de siècles, et on en a rapporté pour preuve un récit d'Hérodote, où cet historien raconte que Cyrus battit complétement dans une bataille rangée, la redoutable cavalerie de Crésus en faisant précéder ses soldats par les chameaux destinés ordinairement au transport des bagages. Les chevaux de l'armée de Crésus n'eurent pas plus tôt découvert ces ennemis inconnus, qu'ils se débandèrent et prirent la fuite. On a cru pouvoir conclure de ce fait que du temps de Cyrus le chameau et le cheval n'avaient pas encore été associés assez intimement pour être habitués l'un à l'autre.

On a vainement cherché à acclimater ces précieux animaux en Espagne et en Amérique; ils y vivent et multiplient même, ce qui leur arrive également à la ménagerie de Paris, et cela en raison des soins que l'on en prend; mais ils y sont impuissants au travail, deviennent faibles, languissants, et finissent par périr avec leur chétive postérité. On a voulu, au jardin des plantes, en utiliser deux en leur faisant tourner une manivelle pour tirer l'eau d'un puits; ce faible travail les fatiguait beaucoup, et ils faisaient dans leur journée moins de travail que n'en aurait pu faire la plus misérable rosse.

Nous voyons dans une revue périodique, que la première fois qu'un Européen monte sur un dromadaire qui est accroupi sur ses genoux selon son habitude, il court grand risque d'être précipité à terre, parce que l'animal, voulant se mettre en marche, se lève sur les pieds de derrière, dès qu'il sent le voyageur en selle, et ensuite se dresse sur ses jambes de devant; on est ainsi jeté d'abord en avant, puis en arrière, et il est difficile de se maintenir contre cette double impulsion. Un voyageur raconte que s'étant assis sur un chameau, il se tint prêt à se pencher en avant au premier mouvement de l'animal, supposant que sa nouvelle monture allait se dresser comme le cheval sur ses jambes de devant; mais le contraire ayant eu lieu, il fut envoyé bien loin par-dessus les oreilles de la bête, à la grande risée des Turcs qui se trouvaient présents.

Un autre Européen, ayant été fait prisonnier par les Arabes, fut placé sur un énorme chameau, et avec quelque force qu'il se tint, il ne put résister à la double secousse, et fut renversé en arrière en faisant un tour entier sur lui-même. « Vous êtes blessé? dit le maître. — Heureusement non.. — Le Ciel vous protége, reprit l'Arabe; car s'il vous fût arrivé de tomber sur la tête en faisant la culbute, votre crâne eût été brisé par ces pierres. Mais le chameau est un animal sacré, et Dieu veille sur ceux qui le montent; en tombant de dessus un âne, quoique la chute eût été trois fois moins considérable, vous eussiez eu infailliblement la tête cassée; mais, je vous le dis, le chameau est un animal sacré.

En réunissant sous un seul point de vue toutes les qualités de cet animal et tous les avantages que l'on en tire, on ne pourra s'empêcher de la reconnaître pour la plus utile et la plus précieuse de toutes les créatures subordonnées à l'homme. L'or et la soie ne sont pas les vraies richesses de l'Orient : c'est le chameau qui est le trésor de l'Asie. Il vaut mieux que l'éléphant, car il travaille pour ainsi dire autant et dépense vingt fois moins. Il vaut même peut-être à lui seul autant que le cheval, l'âne et le bœuf; il porte seul autant que deux mulets, il mange aussi peu que l'âne et se nourrit d'herbes aussi grossières, la femelle fournit du lait pendant plus longtemps que la vache. Enfin la chair des jeunes chameaux est bonne et saine comme celle du veau.

Les Rats

Buffon croyait que le rat était originaire d'Europe; mais cette assertion était une erreur, car cet animal a été inconnu jusqu'à la fin du moyen âge, époque à laquelle il fut introduit sur notre continent, apporté par des bâtiments qui venaient d'Amérique. Leur instinct est peu remarquable : souvent ils ne se font aucun abri pour se loger, et se cantonnent simplement dans les excavations que présente la charpente de nos habitations, ou, quand ils creusent des terriers, ceux-ci sont moins bien construits que ceux de beaucoup d'autres rongeurs.

Ces animaux sont omnivores, et mangent également des graines, des fruits, de la chair et des insectes. Quand la nourriture vient à lui manquer, ils se jettent les uns sur les autres, il y a un combat à mort, et les plus forts dévorent les plus faibles. C'est à leurs combats dans cette circonstance que l'on attribue leur anéantissement dans certaines contrées où ils étaient très-répandus.

Le rat domestique, dont le pelage est d'un noir cendré, a été importé d'Amérique. Il a occasionné beaucoup de dégats en Europe pendant plusieurs siècles, mais depuis cent ans ces animaux diminuent et tendent à disparaître pour faire place à une autre espèce appelée vulgairement rat, mais qui est le surmulot.

Le rat est aussi courageux que féroce : il se défend hardiment contre ses ennemis, chats, belettes ou surmulots, et il sortirait souvent vainqueur de la lutte, si sa force répondait à son courage. Un gros rat est plus méchant et presque aussi fort qu'un jeune chat; il a les dents de devant longues et fortes, tandis que le chat mord mal et ne se sert guère que de ses griffes.

Plus gros, plus voraces, plus nombreux que les rats, les *surmulots* sont d'un brun roussâtre. Cet animal est originaire de la Perse et de l'Inde, d'où il fut transporté en Angleterre en 1730 par des bâtiments de commerce, et ce ne fut que vingt ans plus tard qu'il fut signalé en France pour la première fois. C'est aussi vers le commencement du dix-huitième siècle que cet animal apparut en Russie, et il en arriva de si prodigieuses légions à Astrakan en 1727, qu'on ne put rien soustraire à leur voracité. Elles provenaient des déserts de l'Ouest, et dans leurs pérégrinations, elles avaient traversé le Volga, qui dut en engloutir un grand nombre. C'est cet animal qui est actuellement commun dans nos habitations, d'où il a chassé le véritable rat, qui s'y trouvait installé à l'époque de son apparition et auquel il fait une guerre acharnée, et elle l'est d'autant plus, qu'ayant tous les deux les mêmes goûts et les mêmes habitudes, ils se rencontrent fréquemment et jamais impunément.

Comme le rat, il habite les maisons, mais il en sort assez souvent pour aller faire des excursions; et s'il y trouve aisément à vivre, il y établit ses pénates pour la belle saison, et se retire dans les habitations à l'approche de l'hiver. Toute son occupation consiste à chasser le menu gibier, et son voisinage devient funeste aux jeunes faisans, aux cailles, aux perdreaux et aux autres oiseaux; il attaque même les jeunes lapins, chasse le père et la mère de leur terrier, et s'établit à leur place. Rigoureusement omnivore, il se nourrit indifféremment de chair vive ou corrompue, de graines : aussi se multiplie-t-il d'une manière prodigieuse dans tous les endroits, tels que abattoirs, voieries, boyauderies, où se trouvent des débris d'animaux.

A Montfaucon il en existait une quantité prodigieuse, et quelques personnes ont pensé que le nombre pouvait être porté à cent mille ; ce qui ne paraît guère exagéré, quand on a vu qu'en leur faisant la chasse pendant un mois, on en a tué seize mille cinquante.

Quand on abandonne pendant une nuit dans les cours les chevaux qui ont été équarris, le lendemain le surmulot en a totalement dévoré les chairs, il arrive même quelquefois, dans les fortes gelées, que lorsqu'on est forcé de laisser ces animaux morts sans les travailler, ces prétendus rats entrent par la blessure qu'on a faite à l'animal pour le saigner ; ils s'établissent dans son intérieur, en rongent et dévorent tous les organes mous, et lorsque, au dégel, les ouvriers viennent enlever la peau de ces chevaux, ils ne trouvent au-dessous qu'un squelette parfaitement préparé.

La voracité de ces animaux est telle, qu'ils se dévorent les uns les autres pour peu que la nourriture leur fasse un peu défaut. On donne même comme certain qu'un savant qui avait besoin de quelques-uns de ces animaux, alla en chercher douze, les enferma dans une boîte, et, de retour chez lui, il n'en trouva plus que trois. Ces voraces avaient dévoré les autres, dont on ne trouvait plus que les queues et quelques débris épars !

On a voulu, il y a quelques années, utiliser la dépouille de ces animaux. On leur fit une chasse acharnée, et avec leurs peaux on confectionna des gants ; mais, malgré leur solidité, ce commerce n'a guère prospéré.

Dans notre pays, on n'a fait que cet essai pour utiliser ces animaux ; mais dans des contrées plus barbares, où la nourriture est très-chère, où la misère est telle qu'elle force d'exposer les enfants, et où des milliers de ces pauvres petits êtres succombent chaque année et servent de nourriture aux animaux carnassiers, on fait usage de tout ce que la nature peut offrir à l'homme ; et le rat tient un certain rang parmi les animaux qui servent d'aliments aux Chinois. Aussi, dans leur pays, non-seulement on fait la chasse aux rats, mais encore on en élève en domesticité dans le même but, et on a des bâtiments disposés exprès. Ces bâtiments ressemblent à des espèces de colombiers, bien cimentés, pour que ces animaux ne s'échappent pas ; dans l'intérieur il y a un grand nombre de trous, comme dans les pigeonniers. C'est dans ces retraites que les rats élèvent leurs petits et se retirent lorsqu'on les poursuit. Quand on veut en prendre, on choisit ceux qui ont un certain embonpoint, et on réserve les autres pour une autre occasion. Comme les rats ont un grand nombre de petits à la fois et qu'ils en ont très-fréquemment, un seul de ces animaux peut en produire de quatre-vingts à cent : aussi, en Chine, le commerce est-il très-important.

Lorsque les rats sont très-nombreux, ils creusent des terriers dans le sol, et ceux-ci sont si multipliés, qu'ils ont fait quelquefois crouler les constructions qu'on avait élevées. C'est ce que l'on a observé dans les environs de la voirie de Montfaucon : toutes les éminences voisines ont tellement été minées par ces animaux, que le terrain tremble sous les pieds de celui qui le foule. Leurs terriers s'étendent de tous côtés, et ils vont ainsi sous terre de maison en maison, où ils vont commettre leurs dégâts. Un auteur ajoute qu'un constructeur n'a pu protéger les fondements de sa maison de l'atteinte de ces rongeurs qu'en entourant les fondations d'une couche épaisse de fragments de bouteilles cassées.

A ces rongeurs se rapportent certains animaux dont le nom rappelle aux gens du monde les élégantes fourrures que leur douceur et leur couleur agréable font rechercher pour les parures d'hiver. Ces animaux sont les *chinchillas*, espèce de rats qui vivent au Chili, sur la pente des Cordillières.

Ces petits mammifères peuvent s'apprivoiser avec la plus grande facilité, et ils se font remarquer par leur intelligence et leur docilité. Ils se nourrissent de plantes bulbeuses, et portent le plus souvent les aliments à leur bouche avec leurs pattes de devant comme font les écureuils.

La beauté de la fourrure des chinchillas l'a fait ranger parmi nos belles peausseries, et depuis longtemps les dames l'ont associé à leurs plus élégants vêtements d'hiver. Les chasses actives qu'on faisait à ces rongeurs, dont on s'emparait à l'aide de chiens dressés à les saisir sans endommager leur robe, ne parurent pas d'abord en faire souffrir l'espèce; cependant, dans ces derniers temps, l'on s'est aperçu qu'elle devenait de jour en jour plus rare, et afin de ne pas la voir s'anéantir tout à fait, les autorités locales ont défendu expressément de les chasser.

Tout rappelle les lapins dans les formes de ces animaux : ils en ont les mœurs, ils vivent comme eux dans des sortes de clapiers ; sociables, ils aiment aussi à se réunir en troupes composées d'un grand nombre d'individus ; timides comme eux, ils se précipitent dans leurs trous au moindre bruit.

Leur fourrure était très-recherchée par les anciens Péruviens, qui en fabriquaient des vêtements qu'ils estimaient un haut prix. Comme elle est très-fine, elle se fane vite et sert ainsi le luxe en forçant de renouveler fréquemment. Cinquante à soixante peaux sont nécessaires pour une simple parure, et chaque peau coûte environ cinq francs.

Une autre espèce de rat commune dans le nord de l'ancien continent est le *hamster*, ce charmant petit rongeur qui amasse pour l'hiver des provisions si considérables de grains, que certains habitants des pays où il se trouve ont pour unique profession de chercher leurs refuges et de déterrer leurs magasins.

Le hamster commun est à peu près de la grosseur du rat
ordinaire; il est gris-roussâtre en dessus ; ses flancs sont
noirs avec des taches blanchâtres.

« Le hamster, dit Boitard, habite tout le nord de l'Europe et de l'Asie; il ne s'engourdit pas l'hiver, quoi qu'en
aient dit quelques naturalistes, et Pallas l'a démontré par
des expériences positives. Il vit isolé dans les champs cultivés et dans les steppes de la Russie méridionale et de la
Sibérie ; mais, comme il se multiplie considérablement, surtout dans de certaines années qui lui sont favorables, il fait
beaucoup de dégâts aux récoltes, et ses dévastations ont été
quelquefois si grandes, que plusieurs gouvernements d'Allemagne ont été obligés de mettre sa tête à prix. Il évite les
champs humides et ceux qui sont sablonneux, à cause de la
difficulté qu'il trouverait à y établir convenablement son
terrier; mais il ne manque jamais de donner la préférence
à ceux où la réglisse croît en abondance, parce qu'il
aime beaucoup la graine de cette plante, et qu'il en fait
de grands approvisionnements, surtout lorsqu'il manque
de blé. Pour faire son habitation, il commence par creuser
un conduit oblique, plus ou moins profond; il en rejette la
terre en dehors, et c'est par là que doivent sortir tous les
matériaux superflus de son édifice. Aussi en résulte-t-il une
petite butte de terre qui, malgré toutes les précautions qu'il
prend ensuite pour masquer l'entrée de son terrier, le fait
reconnaître par les chasseurs. Ce conduit aboutit à un premier magasin, de forme sphérique, plus ou moins grand,
n'ayant jamais moins de huit à dix pouces de diamètre :
les parois en sont parfaitement unies, et la voûte en est
solide. Tout à côté de ce magasin est un conduit vertical,
montant à la surface du sol, et c'est le passage ordinaire du
hamster pour entrer et sortir de sa demeure. La femelle, ne
logeant jamais avec le mâle, creuse ordinairement plusieurs

de ces trous perpendiculaires, afin de donner plusieurs en- trées libres à ses petits lorsqu'ils sont menacés d'un danger. A côté de ces trous, à un ou deux pieds de distance, les hamsters creusent un, deux ou trois caveaux particuliers, en forme de voute, plus ou moins spacieux, suivant la quan- tité de leurs provisions ; c'est-à-dire que lorsqu'ils ont rempli un magasin, ils s'occupent aussitôt à en faire un autre. Le caveau où la femelle fait ses petits ne renferme jamais de provisions ; elle se borne à y transporter des brins de paille et du foin pour en faire un nid. Deux ou trois fois par an elle y met bas cinq ou six petits, quelquefois davan- tage, et elle en prend soin pendant six semaines ou deux mois. Quand ils ont atteint cet âge, elle les chasse, et chacun va de son côté se creuser un autre terrier, auquel, dans le premier âge, il ne donne qu'un pied de profondeur. Chaque année il l'agrandit, de manière que celui d'un vieux hamster s'enfonce en terre jusqu'à cinq pieds, et le domicile entier, y compris toutes les communications et tous les caveaux, a quelquefois huit ou dix pieds de diamètre.

» Pendant toute la belle saison, les hamsters s'occupent exclusivement de remplir leurs magasins, et pour y apporter leurs provisions, consistant en grains secs et nettoyés, en épis de blé, en fèves et en pois en cosse, etc., ils se servent de leurs abajoues, qui peuvent contenir plus d'un décilitre (un demi-verre) de grains nettoyés. C'est ordinairement à la fin d'août qu'ils terminent cette opération; après quoi ils s'occupent de nettoyer leur récolte, de jeter au dehors, par le conduit oblique, les pailles, cosses, balles et grains avariés. Ils bouchent ensuite toutes les ouvertures de leur terrier avec de la terre gâchée, et avec tant d'intelligence, qu'il serait fort difficile de reconnaître leur habitation, si, comme je l'ai dit, la butte de terre entassée devant le trou oblique ne la dénonçait pas. Ils passent la mauvaise saison dans leur domicile, où ils emploient tout leur temps à manger et à dormir. Il en résulte qu'au printemps ils en sortent beaucoup plus gras qu'ils n'y étaient entrés en automne. C'est dans cette dernière saison que les paysans se mettent en quête pour découvrir l'habitation du hamster. Ils l'ouvrent avec la pelle et la pioche, tuent l'animal pour en vendre la fourrure, et s'emparent de ses provisions, qui souvent contiennent deux boisseaux de très-bons grains.

» Le hamster, malgré l'intelligence qu'il déploie pour faire ses approvisionnements, n'en est pas moins un animal brute, incapable de s'apprivoiser assez pour reconnaître la main qui le nourrit, et d'une férocité d'autant plus étrange, qu'elle ne résulte pas de ses besoins, mais d'une méchanceté innée. Si l'un d'eux, pressé par le danger, se fourvoie dans le terrier d'un autre, il est aussitôt saisi, étranglé et dévoré. La femelle même n'épargne pas son mâle, s'il n'a le soin de se sauver promptement après l'accouplement. Lorsque deux hamsters se rencontrent dans un champ, ils commencent l'un et l'autre par vider leurs abajoues avec leurs pattes de devant, ce qu'ils font toujours quand un danger les menace, puis ils s'élancent l'un sur l'autre, se battent à outrance, et le vainqueur dévore le vaincu. Ils se défendent avec la même fureur contre tous les animaux, même contre les chiens et contre l'homme. Quand la saison a été mauvaise, et qu'il y a disette de grains, ces animaux se déclarent entre eux une guerre atroce et finissent par s'entre-détruire mutuellement. Du reste, ils ont cela de commun avec les rats et les mulots, auxquels ils ressemblent beaucoup. »

Le hamster, dans certaines contrées, se multiplie d'une manière si prodigieuse, qu'aux environs de Gotha, on en tua jusqu'à vingt-quatre mille en une année.

Les Ecureuils

« L'écureuil, dit Buffon, est un joli petit animal qui n'est qu'à demi-sauvage, et qui par sa gentillesse, par sa docilité, par l'innocence même de ses mœurs, mériterait d'être épargné : il n'est ni carnassier ni nuisible, quoiqu'il saisisse quelquefois des oiseaux; sa nourriture ordinaire sont des fruits, des amandes, des noisettes, des faînes et des glands ; il est propre, leste, vif, très-alerte, très-éveillé, très-industrieux. Il a les yeux pleins de feu, la physionomie fine, le corps nerveux, les membres très-dispos : sa jolie figure est encore rehaussée par une belle queue en forme de panache, qu'il relève jusque dessus sa tête et sous laquelle il se met à l'ombre.

Il se tient ordinairement assis, presque debout, et se sert de ses pieds de devant comme d'une main pour porter à sa bouche; au lieu de se cacher sous terre, il est toujours en l'air ; il approche des oiseaux par sa légèreté, il demeure comme eux sur la cime des arbres, parcourt les forêts en sautant de l'un à l'autre, y fait aussi son nid, cueille les graines, boit la rosée, et ne descend à terre que quand les arbres sont agités par la violence des vents.

On ne le trouve pas dans les champs, dans les lieux découverts, dans les pays de plaine; il n'approche jamais des habitations; il ne reste pas dans les taillis, mais dans les bois de hauteur, sur les vieux arbres des plus belles forêts.

Il craint l'eau plus encore que la terre, et l'on assure que lorsqu'il faut la passer, il se sert d'une écorce pour vaisseau, et de sa queue pour voiles et pour gouvernail. Il ne s'engourdit pas comme le loir pendant l'hiver ; il est en tout temps très-éveillé ; et pour peu que l'on touche au pied de l'arbre sur lequel il repose, il sort de sa retraite, fuit sur un autre arbre, ou se cache à l'abri d'une branche.

Il ramasse des noisettes pendant l'été, en remplit les trous et les fentes de vieux arbres, et a recours en hiver à sa provision. Il les cherche aussi sous la neige qu'il détourne en grattant.

Il a la voix éclatante et plus perçante encore que celle de la fouine ; il a de plus un murmure à bouche fermée, un petit grognement de mécontentement qu'il fait entendre toutes les fois qu'on l'irrite. Il est trop léger pour marcher, il va ordinairement par petits sauts, quelquefois par bonds ; il a les ongles si pointus et les mouvements si prompts, qu'il grimpe en un instant sur un hêtre dont l'écorce est fort lisse.

On entend les écureuils pendant les belles nuits d'été, crier en courant sur les arbres les uns après les autres. Ils semblent craindre l'ardeur du soleil ; ils demeurent pendant le jour à l'abri de leur domicile, d'où ils sortent le soir pour s'exercer, jouer et manger. Ce domicile est propre, chaud et impénétrable à la pluie. C'est ordinairement sur l'enfourchure d'un arbre qu'ils l'établissent : ils commencent par transporter des buchettes qu'ils mêlent, qu'ils entrelacent avec de la mousse ; ils la serrent ensuite, la foulent, et donnent assez de capacité et de solidité à leur ouvrage pour y être à l'aise et en sûreté avec leurs petits. Il n'y a qu'une ouverture vers le haut, juste, étroite et qui suffit à peine pour passer ; au-dessus de l'ouverture est une espèce de couvert en cône, qui met le tout à l'abri, et fait que la pluie s'écoule par les côtés et ne pénètre pas.

Quelques écureuils mènent une vie solitaire ; d'autres au

contraire vivent par troupes nombreuses ; tous sont sédentaires et s'écartent rarement de l'endroit qui les a vus naître. Ces animaux sont très-prévoyants : ils n'ont jamais un seul magasin, mais plusieurs, afin que si par hasard ils en perdent un, ils puissent se nourrir pendant le reste de l'hiver. Quand ils aperçoivent un chasseur, ils ont toujours soin de se tenir derrière le tronc de l'arbre pour rester masqués, et ils montent ainsi jusqu'à l'enfourchure d'une branche ; ils s'y cachent et deviennent invisibles. Aussi la chasse à l'écureuil est-elle très-difficile ; il est même rare qu'on puisse tirer lorsqu'on n'est qu'un seul chasseur, parce que l'écureuil se tient toujours caché.

L'écureuil est tellement prévoyant, qu'il construit même plusieurs nids et qu'il change de temps en temps ses petits en les transportant avec sa gueule. Quand il fait beau, et qu'ils commencent à courir, il les descend de la même manière sur la mousse, afin qu'ils se jouent et s'ébattent au soleil ; mais pendant tout ce temps la mère veille au salut de sa progéniture ; et si elle entend le moindre bruit, si elle voit le moindre danger pour eux, elle en saisit un avec sa gueule, et le transporte à l'enfourchure d'une grosse branche, où elle le cache ; elle va ensuite chercher les autres et les réunit en cet endroit : lorsqu'ils sont ainsi tous en sûreté, elle les transporte dans son nid.

Ils muent au sortir de l'hiver ; le poil nouveau est plus roux que celui qui tombe. Ils se peignent et se polissent avec leurs pattes et leurs dents ; ils sont propres et n'ont aucune mauvaise odeur. Leur chair est assez bonne à manger ; le poil de la queue sert à faire des pinceaux, mais leur peau ne fait pas une bonne fourrure.

Quoique frugivores, les écureuils mangent parfois des matières animales : ils sucent fort bien les œufs d'oiseau qu'ils trouvent ; ils dévorent quelquefois dans leur nid les petits et même la mère quand ils peuvent la surprendre.

Il est peu d'animaux, dit Boitard, qui varient plus que l'écureuil en raison des climats. Ceux de France et d'Allemagne sont ordinairement d'un roux plus ou moins vif pendant toute l'année ; mais dans le Nord on en trouve de roux piquetés de gris, de gris-cendré, de gris-foncé, de gris-blanc, de blancs et de noirs.

Le petit gris, si connu par le commerce que l'on fait de sa fourrure, est en hiver seulement d'un gris d'ardoise piqueté de blanchâtre, chaque poil étant alternativement marqué de gris de souris et de gris blanchâtre.

On trouve, dit M. Kalm, plusieurs espèces d'écureuils en Pensylvanie, et l'on élève de préférence la petite espèce (l'écureuil de terre), parce qu'il est le plus joli, quoique assez difficile à apprivoiser. Les grands écureils font beaucoup de dommage dans les plantations de maïs ; ils montent sur les épis et les coupent en deux pour en manger la moëlle. Ils arrivent quelquefois par centaines dans un champ et le détruisent souvent dans une seule nuit. On a mis leur vie à prix, pour tâcher de les détruire. On mange leur chair, mais on fait peu de cas de leur peau.

Les écureuils gris sont fort communs en Pensylvanie et dans plusieurs autres parties de l'Amérique septentrionale. Ils ressemblent à ceux de la Suède pour la forme ; mais en été et en hiver, ils conservent leur poil gris, et ils sont aussi un peu plus gros. Ces écureuils font leurs nids dans des arbres creux avec de la mousse et de la paille. Ils se nourrissent des fruits des bois, mais ils préfèrent le maïs. Ils se font des provisions pour l'hiver, et se tiennent dans leurs magasins dans les temps de grands froids. Non-seulement ces animaux font beaucoup de tort au maïs, mais encore aux chênes, dont ils coupent la fleur dès qu'elle vient à paraître, en sorte que ces arbres rapportent très-peu de glands. On prétend qu'ils sont plus nombreux qu'autrefois dans les campagnes de la Pensylvanie, et qu'ils se sont multipliés à mesure que l'on a augmenté les plantations de maïs dont ils font leur nourriture.

Les Martes

Les martes sont de tous les animaux carnassiers les plus cruels et les plus sanguinaires après les chats : elles ne se nourrissent que de proies vivantes; elles ne sont occupées qu'à la chasse des oiseaux, des souris et des rats. Originaires du Nord, les martes sont naturelles à ce climat, et s'y trouvent en si grand nombre, qu'on est étonné de la quantité de fourrure qu'on y consomme et qu'en en retire. Elles sont aussi rares en France que les fouines y sont communes. Elles fuient également les pays habités et les lieux découverts; elles demeurent au fond des forêts, grimpent sur les arbres, détruisent une quantité prodigieuse d'oiseaux et recherchent les nids pour en sucer les œufs.

Les martes sont si cruelles, qu'elles n'épargnent pas même les êtres de leur espèce : elles se font une guerre à mort, et celles qui sont les plus fortes dévorent celles qui ont succombé. Elles attaquent des animaux dix fois plus gros qu'elles. La ruse dans l'attaque, l'effronterie dans le danger, un courage furieux dans le combat, une cruauté inouïe dans la victoire, une soif insatiable pour le sang et le carnage, telles sont les mœurs de ces carnassiers. Grâce à leur petitesse, ils peuvent souvent s'introduire dans les endroits où sont des animaux domestiques, et alors ils égorgent tous ceux qu'ils trouvent avant de satisfaire leur faim. Ils se saisissent de leur victime avec tant de ruse et d'agilité, que souvent elle n'a pas le temps de pousser un cri pour donner l'éveil.

Les espèces qui se trouvent dans nos pays, telles que les belettes, les fouines, les putois, tendent à disparaître par suite de la chasse qu'on leur fait. Une autre espèce, le furêt, a été dressé par les chasseurs, et il est employé pour forcer les lapins à sortir de leurs terriers.

La *marte zibeline*, qui vit dans les régions les plus froides de l'Europe et de l'Asie, est l'objet d'une chasse particulière, à cause de sa fourrure.

Aussi cruelle que rusée, et carnassière comme tous les individus de sa race, la zibeline habite les fourrés les plus impénétrables, le bord des lacs ou des rivières. Elle est constamment à la recherche des oiseaux ou de leurs nids. D'une agilité surprenante, elle grimpe à un arbre et suit un oiseau de branche en branche jusqu'à ce qu'elle soit parvenue à l'attraper. Elle chasse également les écureuils, les rats. Elle ne s'approche jamais des habitations, vit dans des lieux sauvages, tantôt dans le tronc d'un arbre, tantôt dans un terrier qu'elle se creuse sur la pente d'une colline, mais dont l'entrée est toujours cachée par des broussailles. Son courage est des plus marqués : quel que soit l'ennemi qui l'attaque, elle se défend jusqu'à la dernière extrémité, et trouve quelquefois, en se défendant, l'occasion de s'échapper et d'éviter la dent cruelle de son ennemi.

La fourrure de la marte est, l'hiver, bien garnie et de couleur noire ; l'été, au contraire, elle est mal fournie et de couleur brune.

Cette fourrure est très-recherchée et l'objet d'un grand commerce : aussi, sur quatre-vingt mille exilés qui peuplent la Sibérie, quinze mille environ sont occupés à la chasse de l'hermine et de la zibeline. Les périls, les privations, les dangers qu'ils ont à supporter ont été très-bien décrits par Boitard, et nous empruntons à son savant ouvrage les détails qui suivent :

« Les chasseurs, dit-il, se réunissent en petites troupes de quinze ou vingt, afin de pouvoir se prêter un mutuel secours, sans cependant se nuire en chassant. Sur deux ou trois traîneaux attelés de chiens, ils emportent leurs provisions de voyage, poudre, plomb, eau-de-vie, fourrure pour se couvrir, quelques vivres d'assez mauvaise qualité et une bonne quantité de piéges. Aussitôt que les gelées ont suffisamment durci la surface de la neige, ces petites caravanes se mettent en route et s'enfoncent dans le désert chacune d'un côté différent. Quand le ciel de la nuit n'est pas voilé par des brouillards, elles dirigent leurs voyages au moyen de quelques constellations, pendant le jour elles consultent le soleil ou une boussole de poche. Quelques chasseurs se servent, pour marcher, de patins en bois à la manière de ceux des Samoiëdes ; d'autres n'ont pour chaussure que de gros souliers ferrés et des guêtres de cuir ou de feutre.

« Chaque traîneau a ordinairement un attelage de huit chiens ; mais pendant que quatre le tirent les quatre autres se reposent, soit en suivant leurs maîtres, soit en se couchant à une place qui leur est réservée sur le traîneau même. Ils se relayent de deux heures en deux heures. Pendant les jours on fait de grandes marches, afin de gagner le plus tôt possible l'endroit où l'on doit chasser, et cet endroit est quelquefois à deux ou trois cents lieues de distance du point d'où l'on est parti. Mais plus on avance dans le désert, plus les obstacles se multiplient. Tantôt c'est un torrent non encore gelé qu'il faut traverser : alors on est obligé d'entrer dans l'eau jusqu'à l'estomac et de porter les traîneaux sur l'autre bord en se frayant un passage à travers les glaçons charriés par les eaux. Tantôt c'était un bois à traverser en se faisant jour à coups de hache dans les broussailles; puis un pic de glace à monter, et alors les chasseurs, après s'être attachés des crampons aux pieds, s'attellent avec les chiens pour faire grimper les traîneaux à force de bras.

» Là, un hiver de neuf mois couvre la terre d'épais frimas; jamais le sol ne dégèle à trois ou quatre pieds de profondeur, et la nature, éternellement morte, jette dans l'âme l'épouvante et la désolation. A peine si une végétation languissante couvre les plaines de quelque verdure pendant le court intervalle de l'été; et des bruyères stériles, de maigres bouleaux, quelques arbres résineux rachitiques font l'ornement le plus pittoresque de ces climats glacés. Là tous les êtres vivants ont subi la triste influence du désert; les rares habitants qui traînent dans les neiges leur existence engourdie sont presque des sauvages difformes et abrutis; les animaux y sont farouches et féroces, et tous, si j'en excepte le renne, ne sont utiles à l'homme que par leur fourrure : tels sont les ours blancs, les loups gris, les renards bleus, les blanches hermines et la marte-zibeline.

» Mais revenons à nos chasseurs.

» L'hiver augmente d'intensité, les longues nuits deviennent plus sombres, parce que l'air est surchargé d'une fine poussière de glace qui l'obscurcit; vers le nord le ciel se colore d'une lumière rouge et ensanglantée annonçant les aurores boréales. Lss gloutons, les ours, les loups et autres animaux féroces, ne trouvant plus sur la terre couverte de neige leur nourriture accoutumée, errent dans les ténèbres, s'approchent audacieusement de la petite caravane et font retentir les roches de glace de leurs sinistres hurlements. Chaque soir, lorsqu'on arrive au pied d'une montagne qui peut servir d'abri contre le vent du nord, il faut camper.

On se fait une sorte de rempart avec les traîneaux, on tend au-dessus une toile soutenue par quelques perches de sapin coupées dans le bois voisin. On place au milieu de cette sorte de tente un fagot de broussailles auquel on met le feu ; chacun étend une peau d'ours sur la glace, s'étend dessus, se couvre de son manteau fourré et attend le lendemain pour se remettre en route.

» Pendant que les chasseurs dorment, l'un d'eux fait sentinelle, et souvent son coup de fusil annonce l'approche d'un ours féroce ou d'une troupe de loups affamés. Il faut se lever à la hâte, et quelquefois soutenir une affreuse lutte avec ces terribles animaux. Mais il arrive aussi que la nuit n'est troublée par aucun bruit, si ce n'est par le sifflement du vent du nord, qui glisse sur la neige, et par une sorte de petit bruissement particulier. Sous la toile de la tente les chasseurs ont dormi profondément, et il est grand jour quand ils se réveillent ; ils appellent la sentinelle, mais personne ne répond. Leur cœur se serre ; ils se hâtent de sortir, car ils savent ce que signifie ce silence. Leur camarade est là assis sur un tronc de sapin renversé ; il a bien fait son devoir de surveillant ; car son fusil est sur ses genoux, son doigt sur la gachette, et ses yeux sont tournés vers la montagne où, la nuit, les hurlements des loups se sont fait entendre ; mais ce n'est plus un homme qui est en sentinelle, c'est un bloc de glace. Ses compagnons, après avoir versé une larme sur sa destinée, le laissent là, assis dans le désert, et se réservent de lui donner la sépulture six mois plus tard, en repassant, lorsqu'un froid moins intense permettra d'ouvrir un trou dans la glace. Ils le retrouveront à la même place, dans la même attitude et dans le même état, si un ours n'a pas essayé d'entamer avec ses dents des chairs blanches et roses comme de la cire colorée, mais dures comme le granit.

» Enfin, après mille fatigues et mille dangers épouvantables, la petite caravane arrive dans une contrée coupée de collines et de ruisseaux. Les chasseurs les plus expérimentés tracent le plan d'une misérable cabane construite avec des perches et de vieux troncs de bouleau à demi pourris ; ils la couvrent d'herbes sèches et de mousses, et laissent au haut du toit un trou pour donner passage à la fumée. Un autre trou, par lequel on ne peut pénétrer qu'en rampant, sert de porte, et il n'y a pas d'autre ouverture pour introduire l'air et la lumière.

» C'est là que quinze malheureux passent les cinq ou six mois les plus rudes de l'hiver. C'est là qu'ils braveront l'inclémence d'une température descendant presque chaque jour à vingt-deux ou vingt-cinq degrés du thermomètre Réaumur.

» Lorsque les travaux de la cabane sont terminés, lorsque le chaudron est placé au milieu de l'habitation, sur le foyer pour faire fondre la glace qui doit leur fournir de l'eau, lorsque la mousse et les lichens sont disposés pour faire les lits, alors les chasseurs partent ensemble pour aller visiter leur nouveau domaine et pour diviser le pays en autant de chasses qu'il y a d'hommes. Quand les limites en sont définitivement tracées, on tire ces cantons au sort, et chacun a le sien en toute propriété pendant la saison de la chasse ; et aucun d'eux ne se permettrait d'empiéter sur celui de ses voisins. Ils passent toute la journée à tendre des piéges partout où ils voient sur la neige des impressions de pieds annonçant le passage ordinaire des martes, des hermines ou des renards bleus ; ils poursuivent aussi ces animaux dans les bois, à coups de fusil, ce qui exige une grande adresse ; car pour ne pas gâter la peau, ils sont obligés de tirer à balle. Le soir tous se rendent à la cabane, et la première chose qu'ils font est de se regarder mutuellement le bout du nez. Si l'un d'eux l'a blanc comme de la cire-vierge et un peu transparent, c'est qu'il l'a gelé, ce dont il ne s'aperçoit pas lui-même. Alors on ne laisse pas le chasseur s'approcher du feu, et on lui applique sur le nez une compresse de neige que l'on renouvelle à mesure qu'elle se fond, jusqu'à ce que la partie malade ait repris sa couleur naturelle. Ils traitent de même les mains et les pieds gelés ; mais, malgré ces soins, il est rare que la petite caravane se remette en route au printemps sans ramener avec elle quelques estropiés. Dans les hivers extrêmement rigoureux, il est arrivé maintes fois que des caravanes entières de chasseurs sont restées gelées dans leurs huttes ou ont été englouties dans les neiges.

» Les douleurs morales des exilés, venant s'ajouter aux rigueurs de cet affreux climat, ont aussi poussé très-souvent les chasseurs au découragement ; et dans ces solitudes épouvantables il n'y a qu'un pas du découragement à la mort. Qu'un exilé harassé s'asseie un quart d'heure au pied d'un arbre, qu'il se laisse aller aux pleurs, puis au sommeil, il est certain qu'il ne se réveillera plus. »

Les Castors

Les castors ont dû être fort abondants autrefois en Europe, puisqu'ils fixèrent déjà l'attention de Strabon, qui rapporte qu'il en existait en Ibérie. Mais la civilisation, en s'étendant sur cette partie du monde, en a décimé le nombre ; cependant Matthiole dit que de son temps il s'en trouvait encore beaucoup sur les bords du Rhin.

Aujourd'hui leur patrie est principalement l'Amérique

septentrionale ; il y en a aussi en Sibérie, et l'on en découvre encore, mais rarement, dans le Danube, le Rhône
et le Gardon, ainsi que près de quelques petites rivières de
la Westphalie.

Pour le naturaliste qui envisage avec discernement l'organisation des animaux, dit un auteur contemporain,
chaque pièce de la mécanique des castors lui révèle leur
physiologie spéciale. Pour la tête, les saillies osseuses,
plus considérables que celles de presque tous les autres
rongeurs, indiquent qu'ils ont là un système musculaire
plus développé qu'eux, parce qu'ils ont besoin de plus de
force pour agir sur leur aliment. L'ampleur du bassin, la
largeur de l'os de la cuisse, la soudure et l'incurvation
des os de la jambe, ainsi que l'énorme dimension des
pieds, qui sont deux fois et demi plus grands que les mains,
révèlent que toute la région postérieure de ces animaux
possède aussi des muscles fort développés, et donnent un
indice de son importance pour la natation et divers autres
actes de leur vie. Les castors, en effet, nagent très-bien,
et souvent plongent sous l'eau pour y exécuter leurs travaux ; ce sont principalement, chez eux, les pieds de derrière qui, excessivement larges et bien palmés, leur donnent l'impulsion pendant ces exercices. Desmoulins dit aussi
qu'ils se servent de leur queue pour nager, ainsi que le
font les cétacés ; mais ce sont surtout les membres qui im-
priment le mouvement.

L'étude attentive de ces animaux nous dévoile une fois
de plus combien tout est prévu dans les œuvres du Créateur.
Il n'est pas, en effet, un seul organe, une seule fibre dans
le plus petit animal, dans la plante la plus infime, qui
n'ait sa fin déterminée à l'avance, son utilité dans le grand
tout.

C'est ainsi que les castors, qui sont fréquemment dans

l'eau, ont des narines très-mobiles qui peuvent se fermer quand ils plongent, afin d'empêcher l'eau de pénétrer dans les fosses nasales ; qu'une troisième paupière transparente protége leurs yeux et permet à ces animaux d'exécuter leurs travaux sans que ces organes soient en contact avec le fluide qui les environne. C'est toujours dans un but de protection que leurs oreilles sont disposées de façon à pouvoir s'appliquer contre la tête et à fermer l'ouverture du conduit auditif lorsqu'ils nagent sous les fleuves, et que leur museau, comme celui des phoques et des chats, est orné de poils longs et raides qui paraissent servir pour le toucher.

« Le castor, dit Buffon, loin d'avoir une supériorité marquée sur les autres animaux, paraît au contraire être au-dessous de quelques-uns d'entre eux pour les qualités purement individuelles. Il paraît inférieur au chien par les qualités relatives qui pourraient l'approcher de l'homme ; il ne semble fait ni pour servir, ni pour commander, ni même pour commercer avec une autre espèce que la sienne : son sens, renfermé dans lui-même, ne se manifeste en entier qu'avec ses semblables ; seul il a peu d'industrie personnelle, encore moins de ruses, pas même assez de défiance pour éviter les piéges grossiers. Loin d'attaquer les autres animaux, il ne sait pas même se bien défendre ; il préfère la fuite au combat, quoiqu'il morde cruellement et avec acharnement lorsqu'il se trouve saisi par la main du chasseur. Il est donc plutôt remarquable par des singularités de conformation extérieure que par la supériorité apparente de ses qualités intérieures.

» Chez les castors, que l'on s'est presque toujours plu à considérer comme des animaux doués d'une haute capacité, l'instinct seul paraît être développé en quelque sorte aux dépens de l'intelligence.

» Beaucoup d'auteurs anciens leur prêtaient des idées d'ordre et de gouvernement qu'ils sont loin d'avoir, et prétendaient qu'ils soumettaient à l'esclavage ceux qui sont étrangers à leurs colonies, et les employaient aux divers travaux qui se font parmi elles; quelques-uns ont même ajouté que leur dicernement les portait à se mutiler quand ils étaient poursuivis, afin de fléchir les chasseurs. Mais, bien loin d'avoir cette fabuleuse intelligence, ces animaux, ainsi que le fait remarquer un auteur contemporain, sont extrêmement bornés, et l'on n'obtient d'eux que de rares marques d'affection et de discernement. Cependant Klein en avait nourri un qui le suivait comme un chien, et, au jardin des plantes de Paris, on en a eu un autre qui venait quand on l'appelait.

» Les castors commencent par s'assembler au mois de juin ou de juillet pour se réunir en société; ils arrivent en nombre de plusieurs côtés, et forment bientôt une troupe de deux ou trois cents : le lieu du rendez-vous est ordinairement le lieu de l'établissement, et c'est toujours au bord des eaux. Si ce sont des eaux plates et qui se soutiennent à la même hauteur comme dans un lac, ils se dispensent d'y construire une digue : mais dans les eaux courantes et qui sont sujettes à hausser ou baisser, ils établissent une chaussée, et par cette retenue ils forment une espèce d'étang ou de pièce d'eau qui se soutient toujours à la même hauteur. La chaussée traverse la rivière comme une écluse et va d'un bord à l'autre; elle a souvent quatre-vingts ou cent pieds de longueur sur dix ou douze pieds d'épaisseur à sa base. L'endroit de la rivière où ils établissent cette digue est ordinairement peu profond; s'il se trouve sur le bord un gros arbre qui puisse tomber dans l'eau, ils commencent par l'abattre pour en faire la pièce principale de leur construction. Cet arbre est souvent plus gros que le corps d'un

homme ; ils le scient, ils le rongent au pied, et, sans autre
instrument que leurs quatre dents incisives, ils le coupent
en assez peu de temps, et le font tomber du côté qu'il leur
plaît, c'est-à-dire en travers sur la rivière ; ensuite ils coupent les branches de la cime de cet arbre tombé, pour le
mettre de niveau et le faire porter partout également.

» Ces opérations se font en commun : plusieurs castors
rongent ensemble le pied de l'arbre pour l'abattre ; plusieurs
aussi vont ensemble pour en couper les branches lorsqu'il
est abattu. D'autres parcourent en même temps les bords de
la rivière, et coupent de moindres arbres, les uns gros
comme la jambe, les autres comme la cuisse ; ils les dé-
pècent et les scient à une certaine hauteur pour en faire des
pieux : ils amènent ces pièces de bois, d'abord par terre
jusqu'au bord de la rivière, et ensuite par eau jusqu'au lieu
de leur construction ; ils en font une espèce de pilotis serré,
qu'ils renforcent encore en entrelaçant des branches entre
les pieux. Les uns, avec les dents, élèvent le gros bout
contre le bord de la rivière ou contre l'arbre qui la traverse ; d'autres plongent en même temps jusqu'au fond de
l'eau pour y creuser, avec les pieds de devant, un trou dans
lequel ils font entrer la pointe du pieu, afin qu'il puisse se
tenir debout. A mesure que ceux-là plantent ainsi leurs
pieux, ceux-ci vont chercher de la terre qu'ils gâchent avec
leurs pieds et battent avec leur queue ; ils la portent dans
leur gueule et avec les pieds de devant, et ils en transportent une si grande quantité qu'ils en remplissent tous les
intervalles de leur pilotis. Ce pilotis est composé de plusieurs
rangs de pieux, tous égaux en hauteur et tous plantés les
uns contre les autres ; il s'étend d'un bord à l'autre de la
rivière, il est rempli et maçonné partout. Les pieux sont
plantés verticalement du côté de la chute de l'eau : tout
l'ouvrage est au contraire en talus du côté qui en soutient la

charge, en sorte que la chaussée, qui a dix ou douze pieds de largeur à sa base, se réduit à deux ou trois pieds d'épaisseur au sommet; elle a donc non-seulement toute l'étendue, toute la solidité nécessaire, mais encore la forme la plus convenable pour retenir l'eau, l'empêcher de passer, en soutenir le poids et en rompre les efforts.

» Leurs petites habitations sont des cabanes, ou plutôt des espèces de maisonnettes, bâties dans l'eau sur un pilotis plein, tout près du bord de leur étang, avec deux issues, l'une pour aller à terre, l'autre pour se jeter à l'eau. La forme de cet édifice est presque toujours ovale ou ronde. Il y en a de plus grands et de plus petits, depuis quatre ou cinq jusqu'à huit ou dix pieds de diamètre : il s'en trouve aussi quelquefois qui sont à deux ou trois étages; l'édifice est maçonné avec solidité, et enduit avec propreté en dehors et en dedans; il est impénétrable à l'eau des pluies et résiste aux vents les plus impétueux; les parois en sont revêtues d'une espèce de stuc si bien gâché et si proprement appliqué, qu'il semble que la main de l'homme y ait passé : aussi leur queue leur sert-elle de truelle pour appliquer ce mortier qu'ils gâchent avec leurs pieds. C'est dans l'eau et près de leurs habitations qu'ils établissent leur magasin; chaque cabane a le sien proportionné au nombre de ses habitants, qui tous y ont un droit commun. On a vu des bourgades composées de vingt ou de vingt-cinq cabanes : les plus petites contiennent deux, quatre, six, et les plus grandes dix-huit, vingt et même, dit-on, jusqu'à trente castors. Quelque nombreuse que soit cette société, la paix s'y maintient sans altération. L'habitude qu'ils ont de tenir continuellement la queue et toutes les parties postérieures du corps dans l'eau parait avoir changé la nature de leur chair : celle des parties antérieures jusqu'aux reins a la qualité, le goût, la consistance de la chair des animaux de la terre et de l'air; celle des cuisses et de la queue a l'odeur, la saveur et toutes les qualités de celle du poisson. Cette queue, longue d'un pied, épaisse d'un pouce, et large de cinq ou six, est même une vraie portion de poisson attachée au corps d'un quadrupède ; elle est entièrement recouverte d'écailles et d'une peau toute semblable à celle des gros poissons.

» C'est principalement en hiver que les chasseurs les cherchent, parce que leur fourrure n'est parfaitement bonne que dans cette saison ; et lorsqu'après avoir ruiné leurs établissements, il arrive qu'ils en prennent en grand nombre ; la société trop réduite ne se rétablit point ; le petit nombre de ceux qui ont échappé à la mort ou à la captivité se disperse ; ils deviennent fuyards ; leur génie, flétri par la crainte, ne s'épanouit plus ; ils s'enfouissent eux et tous leurs talents dans un terrier. »

Vers le mois de septembre, quand leurs cabanes sont terminées, les castors songent à faire leurs approvisionnements pour la saison froide. Ces magasins se composent de branches d'arbres qu'ils coupent de la longueur de deux à huit pieds, et qu'ils traînent seuls ou à plusieurs ensemble, selon leur volume. Ils placent ces approvisionnements dans l'eau et y amassent une suffisante quantité de bois pour en nourrir toute la famille jusqu'au retour du printemps. Sarrazin rapporte que leurs efforts sont tels, que la provision amassée n'a pas moins de vingt-cinq à trente pieds carrés de base, sur huit ou dix de hauteur, de telle sorte que, pour se nourrir pendant l'hiver, une famille de ces animaux ne consommerait pas moins de six à neuf mille pieds carrés de bois.

C'est par erreur que nous voyons Buffon dire qu'indépendamment de leur régime essentiellement herbivore, ils mangent aussi du poisson et des écrevisses. Jamais un castor n'a fait usage de substances animales ; il se nourrit principalement d'écorces de saule, de peuplier et d'aune, ainsi que de racines de nymphéa et d'autres plantes aquatiques.

Si quelque chose doit étonner, c'est assurément la facilité avec laquelle les castors opèrent la mastication d'aliments pour la plupart aussi durs. C'est ici encore le lieu de faire remarquer que tout a été prévu, et que le Tout-Puissant, suivant les mœurs et le régime qu'il affectait à tel ou tel animal, a modifié son organisation et l'a rendue apte à remplir les fins qu'il se proposait en le créant. Sarrazin a en effet démontré l'existence d'énormes glandes salivaires étendues sur le cou et qui, pressées par un muscle fort, abreuvent ces aliments d'une abondance de fluide et en rendent ainsi la mastication plus facile.

C'est pendant l'hiver, dit un historien des chasses aux castors, que l'on chasse ces animaux, parce qu'alors leur peau est plus belle. Comme il est fort ennuyeux de les attendre à l'affût, souvent on dresse des piéges près de leurs cabanes, lesquels consistent en des espèces de quatre de chiffre. Quelquefois aussi on les détruit à la *tranche*, en faisant un trou à la glace près de leur habitation et en recouvrant l'eau avec de la laine de typha : quand ils viennent respirer à ce trou, et que cette laine qui remue, en même temps qu'elle les empêche de voir le chasseur, indique leur présence, celui-ci les tue à coups de hache. Godman dit que, près de la baie d'Hudson, les sauvages les chassent de vive force, et que pendant l'hiver toutes les peuplades se livrent à leur poursuite; les femmes les font fuir des cabanes vers les lieux où les hommes les attendent, et ceux-ci les tuent. Ils en détruisent tant par ce moyen, qu'en 1820, la seule compagnie de la baie d'Hudson en vendit soixante mille peaux : aussi ces animaux deviennent-ils rares aujourd'hui dans ces parages.

Les peaux de castors, qui servent comme fourrures et que l'on utilisait pour confectionner les chapeaux, étaient exportées en Europe avec tant d'abondance que pendant certaines années il y en est entré jusqu'à cent cinquante mille. L'Angleterre en fit pendant longtemps un commerce important avec la Russie. Pallas rapporte même que vers la fin du siècle dernier, elle y transportait annuellement de trente à quarante mille peaux de ces animaux, que les Russes échangeaient, à Kiakhta, avec les Chinois. En France, le duvet des peaux de castor se vendait deux cents francs environ la livre.

Ajoutons pour terminer, que les animaux dont nous venons de faire l'histoire fournissent à la médecine un produit précieux, le *castoreum*, substance particulière secrétée par deux poches placées sous leur ventre, et que l'on administre contre certaines affections nerveuses.

Les Marmottes

La marmotte, fort anciennement connue, est devenue célèbre par son sommeil léthargique.

On la reconnaît facilement à son pelage d'un gris jaunâtre teinté de cendré vers la tête qui est noirâtre en dessus, à son museau d'un blanc grisâtre, et à ses pieds blanchâtres. Elle a un peu plus d'un pied de longueur, de la tête à l'origine de la queue qui est elle-même assez courte et noirâtre à l'extrémité.

Tous les auteurs qui ont parlé de cet animal ont beaucoup emprunté aux écrits de Gessner, naturaliste suisse qui habitait près des montagnes où elle est commune, et qui

le premier en donna une bonne histoire à laquelle Buffon
lui-même puisa beaucoup. « Nous n'hésitons pas, dit-il,
à emprunter de lui des faits au sujet des marmottes, animaux de son pays, qu'il connaissait mieux que nous,
quoique nous en ayons nourri comme lui quelques-unes à
la maison.

» La marmotte, prise jeune, s'apprivoise plus qu'aucun
animal sauvage, et presque autant que nos animaux domestiques ; elle apprend aisément à saisir un bâton, à gesticuler,
à danser, à obéir en tout à la voix de son maître. Elle est,
comme le chat, antipathique avec le chien. Quoiqu'elle ne
soit pas tout à fait aussi grande qu'un lièvre, elle joint
beaucoup de force à beaucoup de souplesse. Cependant elle
n'attaque que les chiens, et ne fait de mal à personne, à
moins qu'on ne l'irrite. Si l'on n'y prend pas garde, elle
ronge les meubles, les étoffes, et perce même le bois lorsqu'elle est renfermée. Elle se tient souvent assise, et marche
aisément sur ses pieds de derrière ; elle porte à sa gueule
ce qu'elle saisit avec ceux de devant. Elle court assez vite
en montant, mais assez lentement en plaine ; elle grimpe
sur les arbres ; elle monte entre deux parois de roche,
entre deux murailles voisines ; et c'est des marmottes, dit-
on, que les Savoyards ont appris à grimper pour ramoner
les cheminées. Elles mangent de tout ce qu'on leur donne,
mais elles sont plus avides de lait et de beurre que de
tout autre aliment. Elles ne boivent que très-rarement de
l'eau.

» La marmotte tient un peu de l'ours et un peu du rat
pour la forme du corps. La couleur de son poil sur le dos
est d'un roux brun plus ou moins foncé ; ce poil est assez
rude ; mais celui du ventre est roussâtre, doux et touffu.
Elle a la voix et le murmure d'un petit chien lorsqu'elle joue
ou quand on la caresse ; mais lorsqu'on l'irrite ou qu'on

l'effraie, elle fait entendre un sifflet perçant et aigu. Elle aime la propreté; mais elle a, comme le rat, surtout en été, une odeur forte qui la rend très-désagréable; en automne elle est très-grasse.

» Cet animal, qui se plaît dans la région de la neige et de la glace, qu'on ne trouve que sur les plus hautes montagnes, est cependant sujet plus qu'un autre à s'engourdir par le froid. C'est ordinairement à la fin de septembre ou au commencement d'octobre qu'il se recèle dans sa retraite creusée sous terre en forme d'Y, pour n'en sortir qu'au commencement d'avril. Les marmottes demeurent ensemble, et elles travaillent en commun à leur habitation : elles y passent les trois quarts de leur vie; elles s'y retirent pendant l'orage, pendant la pluie, ou dès qu'il y a quelque danger; elles n'en sortent même que dans les plus beaux jours, et ne s'en éloignent guère; l'une fait le guet, assise sur une roche élevée, tandis que les autres s'amusent à jouer sur le gazon ou s'occupent à le couper pour en faire du foin; et lorsque celle qui fait sentinelle aperçoit un homme, un aigle, un chien, etc., elle avertit les autres par un coup de sifflet, et ne rentre elle-même que la dernière. »

C'est à tort que Buffon nous représente sa marmotte comme grimpant aux arbres; mais, ainsi que l'a également constaté F. C. Cuvier, elle peut monter avec facilité entre les fissures des roches, quand leurs parois sont assez peu éloignées pour qu'il lui soit possible de s'appuyer sur l'une d'elle par son dos, comme le font les ramoneurs dans les cheminées.

La marmotte vit en petites sociétés sur le sommet des montagnes alpines de toute l'Europe, près des glaciers; elle est assez commune dans les Alpes et dans les Pyrénées.

Elle ne produit qu'une fois par an, et sa portée ordinaire

n'est que de quatre à cinq petits dont l'accroissement est rapide. La durée de sa vie est d'environ neuf ou dix ans.

L'engourdissement hibernal auquel sont soumises les marmottes n'est rien autre chose qu'un profond sommeil pendant lequel toutes les fonctions sont ralenties, mais nullement suspendues. Ainsi que le dit fort bien Boitard, quel que soit le froid qu'aient à supporter ces animaux, sortis de leur état normal, soit par l'effet de la maladie, soit par toute autre cause, ils pourront mourir gelés, mais ils ne s'engourdiront pas. Il en résulte que, lorsque l'hiver est très-rigoureux et le froid excessif, les animaux engourdis se réveillent, souffrent beaucoup, et finissent par mourir gelés si la température ne change pas après un certain temps. Il en résulte encore qu'une excessive chaleur de l'été, comme celle des tropiques, peut amener l'engourdissement tout aussi bien que le froid. Beaucoup d'animaux, les reptiles, par exemple, s'engourdissent l'hiver dans les pays tempérés, et l'été dans les pays chauds.

Les montagnards de la Savoie et de la Suisse se livrent souvent à la chasse des marmottes. Ils observent les lieux qu'elles habitent, et, à l'entrée de l'hiver, avant que la neige soit trop abondante, et dès qu'elles sont rentrées dans leurs terriers, ils défoncent leur retraite et s'en emparent pendant leur sommeil. S'il faut en croire de Saussure, une seule bauge en contient parfois jusqu'à dix ou douze, et elles sont si profondément endormies, qu'elles ne se réveillent pas pendant le long trajet qu'elles font, empilées dans les sacs des paysans qui les transportent à leur demeure.

Si nous venons de voir les chasseurs défoncer les terriers où se trouve cachée leur proie, c'est que lorsque ces animaux sentent les premières approches de la saison froide, ils travaillent à fermer les deux portes de leur domicile, et le font avec tant de solidité, qu'il est plus facile d'ouvrir le sol partout ailleurs qu'à l'endroit qu'elles ont muré.

Les marmottes sont surtout recherchées pour leur chair et leur fourrure. Leurs peaux se vendent cinq à six sous la pièce. Ajoutons que le nombre de ces animaux diminue d'une manière remarquable et que de Saussure présume que dans une centaine d'années la race aura disparu.

Les Taupes

« La taupe, sans être aveugle, a les yeux si petits, si couverts, dit Buffon, qu'elle ne peut faire usage du sens de la vue. Mais en compensation elle a le toucher délicat ; son poil est doux comme la soie ; elle a l'ouïe très-fine, et de petites mains à cinq doigts, bien différentes de l'extrémité des pieds des autres animaux, et presque semblables aux mains de l'homme ; beaucoup de force pour le volume de son corps, le cuir ferme, un embonpoint constant, les douces habitudes du repos et de la solitude, l'art de se mettre en sûreté et de se faire en un instant un asile, un domicile, la facilité de l'étendre et d'y trouver sans en sortir une abondante subsistance. »

Malgré le témoignage de Buffon, il y a des gens qui croient que la taupe est sans yeux ; mais c'est une grave erreur : la taupe a des yeux ; mais ils sont d'un noir d'ébène qui se confond avec la robe, et si petits qu'il a été permis d'en nier l'existence, car ils ne sont pas plus gros qu'un grain de millet, et ceux qui l'ont vu ont douté qu'un tel œil fût destiné à voir.

Les taupes, si connues par leur existence souterraine, ont été conformées pour ce genre de vie. C'est ainsi que l'œil, qui était très-peu important pour elles, pour les diriger dans leurs sombres demeures, est très-peu développé et pour ainsi dire à l'état rudimentaire. Mais en compensation elles ont l'ouïe très-fine, et lorsqu'elles sont à la surface du sol, elles portent la tête élevée pour entendre d'une manière plus distincte ce qui se passe autour d'elles. Elles s'appuient ainsi sur l'organe qui possède le plus grand degré de perfection, afin de se prémunir contre l'approche d'un danger qu'elles n'ont pas la faculté de découvrir avec leur faible vue. Leur disposition antérieure est en rapport avec l'action de creuser la terre et de la soulever. Ainsi leur tête est allongée, pointue, et leur museau est terminé par un os particulier qui lui facilite ses travaux. Leurs bras sont courts, forts et vigoureux. Leurs mains, très-larges et dont la paume regarde soit en avant soit en arrière, sont tranchantes à leurs bords inférieurs, munies d'ongles longs, forts, plats et tranchants. Le train de derrière est faible et ne prend qu'une part très-peu marquée pendant la marche de l'animal. Aussi sa course est aussi rapide dans son trou, qu'elle est lente à la surface du sol.

La taupe ne sort de sa retraite que lorsqu'elle y est forcée par l'abondance des pluies d'été qui remplit d'eau son terrier, ou lorsque le pied du jardinier en affaisse le dôme. Elle se pratique une voûte en rond dans les prairies, et assez ordinairement un boyau long dans les jardins, parce qu'il est plus facile de diviser et de soulever une terre meuble et cultivée qu'un gazon ferme et tissu de racines. Elle n'habite ni les terrains trop humides ni ceux qui sont durs, trop compactes et trop pierreux; il lui faut une terre douce, fournie de racines molles, et surtout bien peuplée d'insectes et de vers dont elle fait sa principale nourriture.

La taupe se prépare un gîte au pied d'une muraille, d'un arbre ou d'une haie, et ce gîte est fait avec beaucoup d'art:

il consiste en un trou de dix-huit pouces de profondeur, assez large, recouvert d'une ou même plusieurs voûtes les unes sur les autres, en terre battue et gachée avec des fragments de racines d'herbes, et assez solidement pétrie pour résister aux eaux de pluie. Cette demeure est à plusieurs compartiments, séparée par cloisons, et soutenue de distance en distance par des piliers. Quelquefois, dans les terres humides ou menacées d'inondation, la voûte de terre dure s'élève au-dessus du terrain, et le lit d'herbes sèches et de feuilles où elle repose avec sa famille se trouve lui-même un peu au-dessus de la surface du sol de manière à ne pouvoir être inondé dans le cas d'une submersion inopinée.

La manière dont cet animal se procure des herbes pour faire son lit est assez singulière : par la racine elle juge si l'herbe lui convient, et alors elle coupe les racines latérales jusqu'au niveau du collet de la plante, et saisissant le pivot qu'elle a ménagé, elle tire à elle et parvient à faire entrer dans son trou la tige munie de ses feuilles.

C'est dans ce gîte que la taupe allaite ses petits, ordinairement au nombre de quatre ou cinq. De ce nid part un boyau qui se prolonge en ligne droite dans une longueur de soixante à quatre-vingts pas. A droite et à gauche sont d'autres boyaux qui s'en écartent perpendiculairement. Tous ces conduits sont parallèles à la surface de la terre, situés ordinairement à six pouces de profondeur, à moins qu'il n'y ait quelque obstacle. Dans ce cas la taupe s'enfonce et creuse quelquefois à plusieurs mètres de profondeur, si cela est nécessaire. C'est ainsi qu'on a vu cet animal passer sous les fondations de hautes murailles et même sous le lit d'un ruisseau ou d'une petite rivière.

On connaît assez les dégâts que commet la taupe dans nos jardins en soulevant la terre et en détruisant ainsi les plantations. On a pourtant élevé des doutes sur l'étendue des dommages que cet animal porte à l'agriculture : quelques agronomes prétendent que la taupe n'est pas aussi nuisible aux fermiers qu'on le suppose généralement ; quelques-uns même soutiennent qu'elle a son utilité en détruisant beaucoup d'insectes et de vers, et particulièrement les larves de hanneton ; quant aux excavations qu'elle creuse et aux conduits souterrains qu'elle pratique, on a soutenu que c'était un drainage naturel des terres.

Quand elle fouille la terre, la taupe perce avec le nez, comprime la terre sur les côtés avec ses robustes mains, et en pousse une partie en avant avec son front et ses épaules : aussi est-elle obligée de temps en temps de s'en débarrasser en la rejetant à la surface et en formant ce que l'on appelle une taupinière.

La taupe, qui se nourrit principalement de vers de terre et d'insectes, est obligée de fouiller constamment la terre pour trouver sa nourriture ; aussi s'en occupe-t-elle avec activité : mais ce qu'il y a de plus curieux dans les habitudes de ce mammifère, c'est qu'il travaille à des moments déterminés de la journée et qu'il se repose dans d'autres. La taupe commence ses premiers travaux au lever du soleil et les continue pendant une heure environ ; elle les reprend à neuf heures, à midi, à trois heures et au coucher du soleil. C'est dans ce dernier instant qu'elle travaille avec le plus d'ardeur. Le temps du repos, elle le passe à dormir dans son gîte.

« Les taupes, dit Boitard, ne sortent que très-rarement de leur trou ; elles n'ont, par conséquent, que peu d'ennemis à craindre ; leur plus grand fléau est le débordement des rivières, et dans ces inondations subites elles cherchent à fuir à la nage ; mais plusieurs périssent dans leur trou.

» Si l'on surprend une taupe hors de son trou, elle ne cherche à fuir que si la terre est trop dure pour qu'elle puisse s'y enfoncer avec rapidité : dans ce cas elle court avec assez

de vitesse, et elle pousse un petit cri aigu ; mais quand elle
est sur un sol meuble ou très-léger, au lieu de fuir elle
s'enterre, et avec une telle promptitude, que si l'on est à
dix pas, on n'a pas le temps d'arriver avant qu'elle ait
disparu. Si au moyen d'une bêche on la cerne dans son
terrier, au premier bruit qu'elle entend, elle se sauve dans
son gîte. Si elle en trouve les issues fermées, elle se met
aussitôt à creuser un trou vertical dans lequel elle s'enfonce
quelquefois à plus d'un mètre : il n'y a d'autre moyen alors
pour l'en faire sortir que d'y introduire de l'eau. »

Quelques auteurs ont dit mal à propos que la taupe dor-
mait sans manger pendant l'hiver entier ; car la taupe dort
si peu pendant cette saison, qu'elle pousse la terre comme
en été, et que les gens de la campagne disent comme par
proverbe : « Les taupes poussent, le dégel n'est pas loin. »
Elles cherchent à cette époque les endroits les plus chauds,
et les jardiniers en prennent souvent autour de leurs couches
aux mois de décembre, janvier et février.

Quoique Buffon lui attribue des habitudes douces, c'est
parfois un animal bien cruel et très-vorace. Elle n'a pas faim
comme tous les autres animaux, dit Geoffroy Saint-Hilaire :
ce besoin est chez elle exalté et ressenti jusqu'à la frénésie ;
sa gloutonnerie commande toutes ses facultés ; rien ne lui
coûte pour assouvir sa faim : elle s'abandonne à sa voracité,
quoi qu'il arrive ; rien ne l'arrête, pas même la présence de
l'homme : elle attaque ses ennemis par le ventre, entre la
tête entière dans le corps de sa victime et s'y plonge avec
délices. Sa voracité est telle, que si l'on place dans un lieu
fermé deux taupes, la plus faible est bientôt dévorée, et l'on
ne retrouve plus d'elle que sa peau et quelques os. Après
avoir assouvi sa faim, la taupe est tourmentée d'une soif si
ardente, que si on la saisit par la peau du cou et qu'on l'approche d'un vase plein d'eau, on la voit boire avec avidité.

Les Hérissons

« Le hérisson, dit Buffon, n'ayant que peu de force
et nulle agilité pour fuir, a reçu de la nature une armure
épineuse, avec la facilité de se resserrer en boule et de
présenter de tous côtés des armes défensives, poignantes
et qui rebutent ses ennemis; plus ils le tourmentent, plus il
se hérisse et se resserre. Il se défend encore par l'effet même
de la peur; il lâche son urine dont l'odeur et l'humidité,
se répandant sur tout sur corps, achèvent de les dégoûter.
Aussi la plupart des chiens se contentent de l'aboyer et ne
se soucient pas de le saisir. Il ne craint ni la fouine, ni la
marte, ni le putois, ni le furèt, ni la belette, ni les oiseaux
de proie. »

A la campagne, on trouve les hérissons fréquemment dans
les bois sous les troncs des vieux arbres. Ils ne bougent pas
tant qu'il est jour; mais ils courent ou plutôt ils marchent
pendant toute la nuit. On les prend à la main, ils ne fuient
pas, ils ne se défendent ni des pieds ni des dents. Ils dorment
pendant l'hiver.

Ces animaux passent l'hiver en léthargie dans les terriers qu'ils se creusent, et c'est la nuit qu'on les voit
chercher des aliments. Nos devanciers croyaient que leur
nourriture se composait de pommes et d'autres fruits
sur lesquels ils se roulaient afin de les faire adhérer à
leurs piquants pour les enlever et aller les déposer dans
leur retraite : il faut rectifier cette erreur. Les hérissons
ne mangent pas de fruits, à moins qu'une faim excessive
ne les y oblige; ils sont très-carnassiers, et se nourrissent

spécialement d'insectes, de rats, de limaçons et de reptiles. Loin donc de détruire ces animaux comme on le fait, on peut juger, par la nature de leur régime, qu'ils peuvent être utiles dans nos jardins. A Astracan, on s'en sert comme de chats.

Pallas a reconnu, chose singulière, que les cantharides, qui agissent comme un violent poison sur les animaux, sont sans action sur les hérissons; il en vit même qui en mangèrent des centaines sans en éprouver aucun accident. Buckland a aussi observé que le venin de la vipère était sans action sur eux; d'autres savants ont reconnu que de fortes doses d'opium et d'arsenic ne pouvaient les empoisonner, et nous-mêmes nous en avons soumis à de fortes doses de valérianate d'atropine, poison très-violent, sans qu'ils en éprouvassent le moindre inconvénient.

Il ne sera pas sans intérêt pour les lecteurs de signaler ici les belles expériences au moyen desquelles Lenz démontra que le hérisson attaque et mange les vipères sans être affecté par leur venin.

« Le 30 août, dit-il, j'introduisis une grosse vipère dans la caisse où le hérisson allaitait tranquillement ses petits ; je m'étais assuré que cette vipère ne manquait pas de venin, car elle avait deux jours auparavant tué un serin en peu de minutes. Le hérisson la sentit bientôt (il se dirigea par l'odorat plutôt que par la vue), se leva de la litière, s'approcha sans précautions, flaira la vipère de la queue jusqu'à la tête, et surtout à la gueule, sans doute parce qu'il y sentait la chair. La vipère commença à siffler, et mordit le hérisson plusieurs fois aux lèvres et au museau : celui-ci, sans s'éloigner, se lécha et reçut une forte morsure à la langue ; sans s'en inquiéter il continua à flairer la vipère, et la toucha même avec ses dents, mais sans mordre. Enfin il saisit la tête, la broya avec les crochets et la glande à

venin, malgré les contorsions du serpent qu'il dévora jusqu'à la moitié. Après quoi il retourna allaiter ses petits.
Le soir il acheva de manger la vipère commencée et en
dévora une autre petite. Le jour suivant, il consomma trois
jeunes vipères, et demeura, ainsi que ses petits, en parfaite
santé ; on ne remarquait ni enflure ni rien de particulier
à l'endroit où il avait été mordu.

» Le 1er septembre, le combat recommença. Le hérisson
s'approcha comme la première fois d'une nouvelle vipère,
la flaira, et reçut pas mal de coups de dents au museau et
dans ses épines. Pendant qu'il flairait, la vipère, qui
s'était fortement blessée aux épines, chercha à s'échapper.
Elle rampait dans la caisse, le hérisson la suivait toujours
flairant ; chaque fois qu'il s'approchait de la tête, il recevait
une morsure. Enfin il la retint dans un coin de la caisse.
La vipère ouvre une large gueule en montrant ses crochets ;
le hérisson ne recule pas. Elle s'élance et le mord à la lèvre
si fortement qu'elle y reste attaché ; il la secoue. Elle
décampe ; il la poursuit et reçoit encore plusieurs coups
de dents.

» Cette bataille avait duré douze minutes ; j'avais compté
dix morsures qui avaient frappé le museau du hérisson,
vingt qui s'étaient perdues en l'air ou sur ses épines. La
vipère avait la gueule ensanglantée par suite des blessures
qu'elle s'était faites aux épines. Le hérisson saisit la tête
entre ses dents, mais la vipère se dégagea. L'ayant alors
prise par la queue, puis derrière la tête, je vis que ses
crochets étaient encore en bonne condition.

» Lorsque je la rejetai dans la caisse, le hérisson la saisit
de nouveau par la tête, qu'il broya ; il la mangea lentement
sans s'inquiéter de ses contorsions, retourna ensuite à ses
petits et les allaita sans ressentir d'inconvénients.

» Dès lors ce hérisson a souvent dévoré des vipères, et

toujours en commençant par leur broyer la tête, ce qu'il ne faisait point pour les serpents non venimeux. Il transportait souvent dans son nid le surplus de ses repas pour le consommer à son aise.

» Le hérisson habite volontiers, comme la buse, des localités où les vipères et d'autres serpents abondent, et sans doute il en détruit bon nombre. »

Après cette traduction presque littérale, M. A. Chavannes ajoute que le danger de voir le hérisson ronger la canne n'est pas à redouter. Lenz, qui l'a observé longtemps, dit qu'il mange des coléoptères, des vers de terre, des grenouilles, même les crapauds, qui paraissent cependant lui répugner; il mange avec grand plaisir les orvets et les couleuvres, mais par-dessus tout les souris; il combat courageusement et avec succès contre le hamster; il ne mange de fruits qu'à défaut de nourriture animale. Celui qu'observait Lenz n'ayant, pendant deux jours, reçu que des fruits, il en mangea si peu, que deux des petits périrent faute de lait.

» Les hérissons placés dans les vignes dont les raisins atteignent le sol n'y touchent pas; cependant ces fruits sont aussi sucrés que la canne et fort tendres, tandis que cette dernière, par sa dureté seule, serait à l'abri du hérisson. Je crois donc qu'il serait utile et facile de transporter à la Martinique une cinquantaine de hérissons; puisqu'ils vivent en Algérie, il est probable qu'ils s'acclimateront sans peine dans l'île. S'introduisant facilement dans les champs de cannes, ils contribueront à y diminuer le nombre des rats et par conséquent le nombre de cannes *ratées*.

» Ils tendront indirectement à diminuer aussi la multiplication du bothrops en privant ce dernier d'une partie de sa nourriture. Le hérisson peut enfin détruire de jeunes bothrops, tout en étant à l'abri des adultes, qui ne peuvent pas facilement le mordre, l'étouffer ou le retourner pour l'attaquer par le ventre, comme le font, à ce qu'on dit, le chien et le renard.

« L'introduction du hérisson peut d'ailleurs fort bien s'associer à celle du serpentaire et de la buse, qui se nourrit de rats et de serpents. Tous ces moyens de diminuer les bothrops doivent être employés simultanément; mais le plus efficace serait sans doute une prime accordée à chaque tête de bothrops, comme l'a fort bien dit M. le docteur Rufz. » (*Ami des sciences.*)

Les hérissons se divisent en deux espèces, l'une à groin de cochon, et l'autre à museau de chien. Nous n'en connaissons qu'une seule, et qui n'a même aucune variété dans ces climats : elle est assez généralement répandue; on en trouve partout en Europe, à l'exception des pays les plus froids. Le hérisson d'Europe se rencontre communément dans nos haies et nos bois. On dit que quand les procédés des arts étaient dans leur enfance, on se servait de ses piquants pour carder le chanvre.

Les Paresseux

On a donné à l'*unau* et à l'*aï* l'épithète de *paresseux*, à cause de la lenteur présumée de leurs mouvements et de la difficulté qu'ils ont à marcher; mais il est certain qu'on s'est plu à exagérer la lenteur et la démarche de ces animaux, et quand on les voit courir sous les branches, on n'est plus tenté de les nommer paresseux.

Les animaux qui composent ce groupe des paresseux ou tardigrades, ont les membres impropres à la marche et disposées pour grimper ; leurs surfaces plantaires sont tournées en dedans, et leurs ongles sont énormes et arqués. L'unau n'a pas de queue et ne possède que deux ongles aux pieds de devant, d'où son nom de *paresseux didactyle ;* et l'aï porte une queue courte et trois ongles à chaque pied, ce qui lui a valu l'épithète de *tridactyle.* Chez le premier, le museau est plus long, le front plus élevé et les oreilles plus longues que chez l'aï ; mais un caractère anatomique qui les distingue parfaitement l'un de l'autre, c'est que l'unau a quarante-six côtes, tandis que l'aï n'en a que vingt-huit.

« La nature, dit Buffon, est lente, contrainte et resserrée dans ces paresseux ; et c'est moins paresse que misère ; c'est vice dans la conformation. » Erreur, les paresseux ne sont point, comme le pense l'illustre naturaliste, des monstres par défaut, car presque partout chez eux la nature s'est montrée prodigue d'organes.

Laissons d'abord parler l'immortel auteur de l'*Histoire naturelle ;* nous rapporterons ensuite l'opinion des écrivains qui l'ont suivi et ont modifié les idées qu'il s'était faites de ces singuliers animaux, qui habitent, comme on le sait, tout l'espace compris entre l'Amazone et la Plata.

« Ces pauvres animaux, réduits à vivre de feuilles et de fruits sauvages, consument du temps à se traîner au pied d'un arbre ; il leur en faut encore beaucoup pour grimper jusqu'aux branches ; et pendant ce lent et triste exercice, qui dure quelquefois plusieurs jours, ils sont obligés de supporter la faim ; arrivés sur leur arbre, ils n'en descendent plus, ils s'accrochent aux branches ; ils le dépouillent par parties, mangent successivement les feuilles de chaque rameau, passent ainsi plusieurs semaines sans pouvoir délayer par aucune boisson cette nourriture aride ; et lorsque l'arbre est entièrement nu, ils y restent encore retenu par l'impossibilité d'en descendre : enfin, quand le besoin se fait de nouveau sentir, ne pouvant descendre, ils se laissent tomber très-lourdement comme une masse sans ressort.

» A terre, ils sont livrés à tous leurs ennemis : comme leur chair n'est pas absolument mauvaise, les hommes et les animaux de proie les cherchent et les tuent. Il paraît qu'ils multiplient peu. Il est vrai que quoiqu'ils soient lents, gauches et presque inhabiles aux mouvements, ils sont durs, forts de corps et vivaces, qu'ils peuvent supporter longtemps la privation de toute nourriture ; que, couverts d'un poil épais et sec, et ne pouvant faire d'exercice, ils dissipent peu et engraissent par le repos, quelque maigres que soient leurs aliments. L'unau et l'aï sont certainement des animaux ruminants ; ils ont quatre estomacs, et en même temps ils manquent de tous les caractères qui appartiennent généralement à tous les autres animaux ruminants. Encore une autre ambiguïté : c'est qu'au lieu de deux ouvertures au dehors, l'une pour l'urine, et l'autre pour les excréments, ces animaux n'en ont qu'une seule comme dans les oiseaux.

» Au reste, ils paraissent très-mal ou très-peu sentir : leur air morne, leur regard pesant, leur résistance indolente aux coups qu'ils reçoivent sans s'émouvoir, annoncent cette insensibilité.

» Ces deux animaux appartiennent également l'un et l'autre aux terres méridionales du nouveau continent, et ne se trouvent nulle part dans l'ancien. Ils ne peuvent supporter le froid, ils craignent aussi la pluie : les alternatives de l'humidité et de la sécheresse altèrent leur fourrure, qui ressemble plus à du chanvre mal sérancé qu'à de la laine ou du poil. »

Le paresseux, dit avec raison, Boitard, a été pour presque tous les naturalistes, sans en excepter Buffon et Georges

Cuvier, un sujet d'erreur la plus complète ; parce que, malgré leur excellente critique, ils se sont laissé influencer par les contes absurdes des anciens voyageurs et peut-être aussi par des opinions préconçues.

Non-seulement Buffon nous donne les paresseux comme obligés de se laisser tomber des arbres, au risque de se briser les os, quand ils ont mangé toutes les feuilles ; non-seulement ils sont peut-être les seuls animaux, dit-il, que la nature ait maltraités, les seuls qui nous offrent l'image de la misère innée ; mais il ajoute encore : « Autant la nature nous a paru vive, agissante, exaltée dans les singes, autant elle est lente, contrainte et resserrée dans ces paresseux ; et c'est moins paresse que misère, c'est défaut, c'est dénûment, c'est vice dans la conformation ; point de dents incisives ni canines ; les yeux obscurs et couverts, la mâchoire aussi lourde qu'épaisse ; le poil plat et semblable à de l'herbe séchée ; les cuisses mal emboitées et presque hors des hanches ; les jambes trop courtes, mal tournées et encore plus mal terminées : point d'assiettes de pieds, point de pouces, point de doigts séparément mobiles ; mais deux ou trois ongles excessivements longs, recourbés en dessous, qui ne peuvent se mouvoir qu'ensemble, et nuisent plus à marcher qu'ils ne servent à grimper ; la lenteur, la stupidité, l'abandon de son être, et même la douleur habituelle résultant de cette conformation bizarre et négligée, point d'arme pour attaquer ou se défendre ; nul moyen de sécurité, pas même en quittant la terre ; nul ressource de salut dans la fuite. Confinés, je ne dis pas au pays, mais à la motte de terre, à l'arbre sous lequel ils sont nés, prisonniers au milieu de l'espace ; ne pouvant parcourir qu'une toise en une heure, grimpant avec peine, se traînant avec douleur, une voix plaintive et par accents entrecoupés, qu'ils n'osent élever que la nuit : tout annonce leur misère, tout nous rappelle ces monstres par défaut, ces ébauches imparfaites mille fois projetées, exécutées par la nature, qui, ayant à peine la faculté d'exister, n'ont dû subsister qu'un temps et ont été ensuite effacés de la liste des êtres. »

Presque partout chez ces animaux, disions-nous plus haut, contrairement à l'opinion de Buffon, la nature s'est montrée prodigue d'organes. C'est justement dans leur organisation que l'illustre auteur du *Règne animal*, Cuvier, plus anatomiste que Buffon, essaie de trouver l'origine de ces prétendues misères. « Leurs doigts, dit-il, sont réunis ensemble par la peau, et ne se masquent en dehors que par d'énormes ongles comprimés et crochus, toujours fléchis vers le dedans de la main ou la plante du pied. Leurs pieds de derrière sont articulés obliquement sur la jambe et n'appuient que sur le bord externe; les phalanges de leurs doigts sont articulées par des ginglymes serrés, et les premières se soudent, à un certain âge, aux os du métacarpe ou du métatarse; ceux-ci finissent par se souder ensemble faute d'usage. A cette incommodité, dans l'organisation des extrémités, s'en joint une non moins grande dans leur proportion. Leurs bras et leurs avant-bras sont beaucoup plus longs que leurs cuisses et leurs jambes, en sorte que, quand ils marchent, ils sont obligés de se traîner sur leurs coudes ; leur bassin est si large, et leurs cuisses tellement dirigées sur le côté, qu'ils ne peuvent rapprocher les genoux. Leur démarche est le fait naturel d'une structure aussi disporportionnée. Ils se tiennent sur les arbres et n'en quittent un qu'après l'avoir dépouillé de ses feuilles, tant il leur est pénible d'en gagner un autre; on assure même qu'ils se laissent tomber de leur branche pour s'éviter le travail d'en descendre. »

Les bras des paresseux sont, il est vrai, deux fois plus longs que les jambes, et cette disparité remarquable les oblige à se traîner sur les coudes, quand ils marchent à terre, afin de rétablir les proportions entre les extrémités ; les doigts qui les terminent sont réunis ensemble par la peau jusqu'à l'origine des ongles ; et, par une disposition mécanique, ces derniers tendent constamment à se fléchir sans que ces animaux déploient pour cela aucun effort musculaire, de manière qu'ils peuvent rester continuellement accrochés au-dessous des branches ou s'y endormir sans craindre d'en choir en les laissant échapper. La plante des pieds est dirigée en dedans : aussi, sur la terre, ceux-ci semblent défectueux, parce qu'ils n'appuient que par leur bord externe ; mais leur direction est fort bien appropriée à la progression naturelle de ces édentés, qui, se faisant sur les arbres, permet à la surface plantaire de toucher leur surface cylindrique dans toute son étendue. La suspension continuelle dans laquelle se passe la vie des paresseux est en outre favorisée par l'existence d'un plus grand développement des muscles fléchisseurs des membres que dans les autres animaux.

Quant à l'accusation qu'on leur a faite de se laisser choir des arbres pour n'avoir pas la peine d'en descendre, elle est complétement fausse. Dans de récentes observations, on en vit monter et descendre à plusieurs reprises aux mâts d'un vaisseau. Un voyageur consciencieux, Watterton, qui les a observés avec discernement, les a souvent vus changer d'arbres à leur guise et sans même en descendre ; ils attendent pour cela l'heure de la journée où les vents agitent les cimes de ceux-ci, et, au moment où elles se touchent, ils saisissent celle de l'arbre où ils désirent se rendre, abandonnent l'autre, et passent ainsi d'arbre en arbre assez rapidement.

Parmi les défenseurs de la cause des paresseux, nous devons citer Boitard, qui nous a laissé sur ces animaux de charmantes pages. « L'aï, dit-il, est très-commun au Brésil, à Cayenne, à la Nouvelle-Espagne, et généralement dans toute l'Amérique intertropicale. Il habite exclusivement sur les arbres, dans les forêts composées d'ambaïba dont les feuilles font sa principale et peut-être son unique nourriture. Il parcourt les forêts en passant d'un arbre à l'autre par les branches; il sait parfaitement profiter, pour cela, du vent qui, en les agitant, met leurs rameaux en contact, et il saisit avec beaucoup d'agilité ce moment. Jamais, si ce n'est par force ou par accident, cet animal ne descend à terre, où il n'a rien à faire; il lui serait donc tout à fait inutile de pouvoir y marcher : aussi la nature lui a-t-elle refusé cette faculté, comme elle l'a refusée aux orangs et à quelques singes éminemment grimpeurs et devant passer, ainsi que lui, toute leur vie sur les arbres. Et pourtant, c'est sur des individus arrachés à leurs forêts, à leurs habitudes, placés sur la terre plate, que les naturalistes ont décidé que l'aï était d'une lenteur excessive et qu'il lui fallait une heure pour parcourir la distance de deux mètres, ce qui est d'ailleurs d'une grande exagération. »

L'aï, sur la terre, est en effet obligé de se traîner avec peine sur ses coudes, à cause de la longueur de ses jambes antérieures; mais cela n'empêche pas qu'il ne grimpe sur les arbres, sinon avec une grande agilité, du moins avec une extrême facilité.

MM. Quoy et Gaimard ont eu vivants pendant quelques jours, sur le vaisseau *l'Uranie*, deux de ces animaux, et ils ont observé qu'il faut beaucoup rabattre de la lenteur qu'on leur attribue. « Tout l'équipage a vu l'aï monter en vingt-cinq minutes du gaillard d'arrière au haut du grand mât en allant de l'un à l'autre par les étais. Une autre fois, étant descendu par l'échelle du gaillard d'arrière et touchant l'eau par une de ses pattes, il s'y laissa volontairement tomber, et nagea aisément, la tête élevée. »

Nous remarquerons en outre que cet animal est tout à fait nocturne, qu'il ne jouit de tout le développement de ses facultés que la nuit, et que ces observations ont été faites le jour. Sur la terre, pendant l'obscurité, il marche de la même manière que les chauves-souris, et d'un mouvement assez vif.

Cherchons si son organisation est aussi malheureuse qu'on le dit, quand on la considère dans ses rapports avec les habitudes de l'animal ; nous verrons qu'au contraire, loin d'être un mal pour lui, cette organisation, qui paraît si informe et si bizarre, est un bienfait de la nature. L'aï ne se tient pas sur les branches ainsi que le font les singes et les écureuils, mais par-dessous, et le corps suspendu par les quatre pattes ; qu'il marche, qu'il mange, qu'il dorme, il ne quitte jamais cette attitude, qui pour ces animaux est celle du repos, à cause de l'extrême prédominance que leurs muscles fléchisseurs ont sur les extenseurs.

En cas de chute, ils ont une force de vitalité cent fois plus considérable qu'un chat ; et tout cela ils le doivent à une organisation que G. Cuvier appelle imparfaite et gro-tesque, et Buffon, misérable, faute, par ces naturalistes, d'avoir connu les habitudes et les besoins de ces singuliers animaux. S'il était permis, dans un ouvrage du genre de celui-ci, d'entrer dans de plus grands détails anatomiques, on verrait qu'il n'est pas une de leurs prétendues imperfec-tions qui ne soit une preuve irrécusable de la haute sagesse qui a présidé à la création.

» L'aï, qui jusqu'à ce jour n'a été étudié que dans des lieux et des circonstances pour lesquels la nature ne l'a point créé, vit au fond des plus sombres forêts, où la hache de l'homme n'a point encore établi de clairière ; il est doux,

tout à fait inoffensif, et paraît peu intelligent par la raison
qu'il a peu de besoins ; solitaire sur l'arbre qui le nourrit,
il y passe une partie de sa vie, et ne pense à le quitter que
lorsqu'il en a dévoré toutes les feuilles. S'il ne peut passer
sur un autre arbre au moyen de l'entre-croisement des
branches, il ne se laisse pas tomber, comme on l'a dit,
mais il descend fort bien, en quelques minutes, et se
traîne sur la terre aussi vite qu'il le peut pour en regagner
un autre. Si on le surprend dans ce moment, il s'arrête,
et cherche à se défendre comme il le peut ; pour cela, il
s'assied sur son derrière et joue des bras de devant, l'un
après l'autre, absolument comme un aveugle qui cherche-
rait à enlacer de son bras un objet qu'il ne verrait pas, ou
plutôt comme une mécanique. S'il parvient à saisir le bâton
dont on le frappe, ou tout autre objet, il le serre contre
sa poitrine avec une telle force, qu'il est fort difficile de le
lui arracher, et il ne le lâche qu'en mourant ; dans la joie
comme dans la douleur, il fait entendre le cri *a-ï* qui lui
a valu son nom ; mais il reste silencieux tant qu'il n'est pas
agité par une passion. La femelle ne fait qu'un petit, qu'elle
soigne avec la plus grande tendresse. Elle met bas non pas
sur terre, mais sur un lit de mousse qu'elle établit à la
bifurcation de deux ou trois grosses branches. A bout de
quelques jours, les ongles du petit sont assez raffermis
pour qu'il puisse s'accrocher au dos de sa mère, où il est
suspendu, comme elle l'est elle-même aux branches qu'elle
parcourt.

Ces animaux ont la vie extraordinairement dure, et on
ne parvient à les faire tomber de l'arbre où ils s'accrochent
qu'après leur avoir tiré plusieurs coups de fusil. Ils remuent
encore pendant plus d'une heure après qu'on leur a arraché
le cœur et les entrailles. « Le voyageur de Lalande, dit
Desmoulins, aidé de son domestique, a inutilement essayé

pendant une demi-heure d'étrangler un aï avec une corde grosse comme le doigt; l'animal ne cessait d'étendre et de ramener ses bras en crochets sur sa poitrine par intervalles, ce qu'il fit encore plusieurs heures au fond d'un tonneau d'alcool où on le tint ensuite submergé. »

Les paresseux, dont l'histoire offre tant de points curieux, ne sont donc nullement ce qu'avaient pensé la plupart des naturalistes ; mais, doués par le Créateur d'une organisation élevée et en rapport avec le genre de vie qu'il leur assignait, ils sont pour nous une nouvelle preuve de la grandeur de Dieu et de la variété de ses productions.

FIN.

TABLE

— LILLE, TYP. L. LEFORT. MDCCCLXVI. —

A LA MÊME LIBRAIRIE :

Collection in – 8° à 1 fr. 50 c. le volume.

☞ En soldant en timbres-poste les prix ci-dessus, on reçoit FRANCO à domicile.

Une Guerre de famille, par Marie Emery.
Scènes de la vie des animaux, par G. P., médecin naturaliste.
Triomphe (le) **de la conscience**, par Mme C. Breton.
Martyrs (les Saints) **du Japon**, par Maxime de Montrond.
Dom Léo, ou le Pouvoir de l'amitié. par E. S. Drieude.
Edmour et Arthur, par le même.
Épreuves de la piété filiale, par le même.
Lorenzo, ou l'Empire de la religion, par le même.
Rosario, histoire espagnole, par le même.
Solitaires (les) **d'Isola Doma**, par le même.

Collection in – 8° à 1 fr. 25 c. le volume.

Algérie (l') **chrétienne**, par A. Egron, 3° édition.
Amicie, ou la Patience conduit au bonheur, par Marie Emery. 2° édition.
Apôtre (l') **de la charité**; vie de saint Vincent de Paul. 2° édition.
Armand Renty, par J. Aymard, 5° édition.
Bruno, ou la Victoire sur soi-même; imité du suédois, par Mme de Gaulle, 4° édition.
Croisé (le) **de Tortona**, par l'abbé C. Guenot.
Devoir et Vertu, ou les Forges de Buzançais. 2° édition.
Deux (les) **Amis**, par S. Bigot. 2° édition.
Enfant (l') **de l'hospice**, par Marie de Bray.
Ermitage de Saint-Didier, par Hubert Lebon. 2° édition.
Exemples (les) traçant le chemin de la vertu. 4° édition.
Ferme (la) **de Valcomble**, ou l'Apostolat du bon exemple. 3° édition.
Fernand Delcourt, ou la Faiblesse d'une mère, par S. Bigot. 2° édition.
Fleurs printanières: légendes, souvenirs et récits, par Max. de Montrond.
Frère (le) **et la Sœur**, par F. Villars.
Jeanne d'Arc; récits d'un preux chevalier, par Maxime de Montrond.
Lequel des deux, par S. Bigot. 2° édition.
Mémoire d'une orpheline, ou la Famille Pontaleu, par Marie Emery. 2° édition.
Mes Paillettes d'or, par Maxime de Montrond. 3° édition.
Mes Souvenirs, par le même. 3° édition.
Proverbes (les) : histoire anecdotique et morales des proverbes, par Amory de Langerack.
Récits historiques et dramatiques, par Marie Emery. 3° édition.
Retour des Pyrénées, par Mme de la Grandville. 6° édition.
Roi (le) **de Bourges**, par A. de La Porte.
Souvenirs d'Italie, par M. le marquis de Beauffort. 8° édition.
Trois (les) **Berthe**, par M. P. Jouhanneaud.
Voix (la) **de l'exil**; trad. de l'italien; *revue par le Cardinal Giraud.* 3° édition.
Voyage aux Pyrénées, par Mme de la Grandville. 6° édition.

— LILLE, TYP. L. LEFORT. M.DCCLXVII. —

www.ingramcontent.com/pod-product-compliance
Lightning Source LLC
LaVergne TN
LVHW021651060726
842527LV00003B/857